高 等 院 校 信 息 技 术 规 划 教 材

Python程序设计基础
——面向金融数据分析

李静 贾富萍 薛英花 刘理争 编著

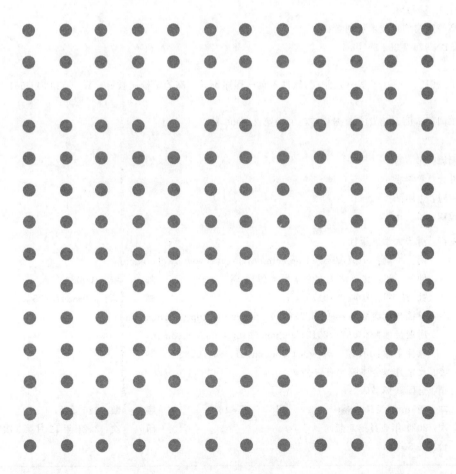

清华大学出版社

北京

内 容 简 介

本书共 9 章,以财经类院校为背景,以培养财经类专业学生的编程能力为目标,通过大量实例系统讲解 Python 语言的基本语法元素、基本数据类型、程序流程结构、函数设计、组合数据类型、文件输入/输出等操作,并介绍多个 Python 第三方库的基本使用方法。本书围绕金融数据分析,介绍从基本数据处理到文件处理、从数据分析到数据可视化的基本数据分析流程。本书每章后均给出了配套练习题,帮助读者巩固所学知识。

本书适合作为财经类院校学生的 Python 语言入门教材,也适合初学 Python 语言的读者使用。

图书在版编目(CIP)数据

Python 程序设计基础:面向金融数据分析/李静等编著. —北京:清华大学出版社,2021.1
(2021.12 重印)

高等院校信息技术规划教材

ISBN 978-7-302-56808-7

Ⅰ.①P… Ⅱ.①李… Ⅲ.①软件工具－程序设计－高等学校－教材 Ⅳ.①TP311.561

中国版本图书馆 CIP 数据核字(2020)第 217906 号

责任编辑:郭 赛
封面设计:常雪影
责任校对:焦丽丽
责任印制:杨 艳

出版发行:清华大学出版社

网 址:http://www.tup.com.cn,http://www.wqbook.com
地 址:北京清华大学学研大厦 A 座 邮 编:100084
社 总 机:010-62770175 邮 购:010-83470235
投稿与读者服务:010-62776969,c-service@tup.tsinghua.edu.cn
质量反馈:010-62772015,zhiliang@tup.tsinghua.edu.cn
课件下载:http://www.tup.com.cn,010-83470236

印 装 者:北京鑫海金澳胶印有限公司
经 销:全国新华书店
开 本:185mm×260mm 印 张:16.5 字 数:380 千字
版 次:2021 年 2 月第 1 版 印 次:2021 年 12 月第 3 次印刷
定 价:49.50 元

产品编号:089477-01

前言

Python 语言于 20 世纪 90 年代初由荷兰人吉多·范·罗苏姆首次发布,经过不断改进修正和版本迭代,发展到了现在的 Python 3.x 版本,已成为深受人们欢迎的程序设计语言之一。

Python 之所以如此受欢迎,首先得益于它的简单高效。Python 有简洁明了的语法,比其他编程语言更简单易读,易于学习,是极容易入门的编程语言之一;Python 有丰富的第三方库,功能强大,利用它可以轻松实现较复杂的软件功能;Python 易于扩展,常被人们称为胶水语言,能够把用其他语言编写的各种模块轻松地黏合在一起;Python 也是数据科学中极为流行的语言之一,NumPy 和 SciPy 为 Python 提供了强大的数组和数值运算,Pandas、Matplotlib 为 Python 提供了强大的数据分析和可视化工具。由于 Python 语言的简洁性、灵活性及其良好的编程生态,它在科学计算、图像处理、数据处理、机器学习、人工智能、Web 开发等众多领域得到了广泛的应用。

在金融领域,Python 更是有着得天独厚的优势,被誉为实现金融科技的第一语言,有着非常广阔的发展前景。随着现代金融和金融科技的发展,越来越多的 Python 开发人员加入金融产品开发领域,社会对 Python 编程人才的需求也越来越旺盛。对于财经类院校的经管类、金融类学生而言,有必要学习和掌握 Python 编程语言,建立运用程序设计解决实际问题的基本理念和方法,为将来的学习和工作奠定金融数据分析的编程基础。

本书就是在此背景下,将 Python 编程的必备知识点结合算法实例,特别是结合与金融或者经济管理相关实例编写而成的。本书第 1~4 章主要介绍 Python 的基础知识,第 5 章介绍模块化编程,第 6 章介绍 Python 的组合数据类型,第 7 章着眼于文件输入/输出和各种类型文件的读写,第 8 章介绍面向对象的基本知识,第 9 章以金融行业案例为背景介绍 NumPy、Pandas、Matplotlib 这三个数据分析常用的第三方库的基本使用方法。

　　本书力图用简练的语言进行编程知识的讲解,对于专业术语的引入和难点的讲解尽量循序渐进、讲解清晰。本书同时具有较强的实践性,每章均都出了大量层次丰富的代码实例,既有配合知识点理解的简单代码段,又有侧重能力运用的综合实例,从而引导学生的理解与实践。本书还提供配套练习,方便学生动手编写代码,在实践中全面理解 Python 编程。

　　本书由李静、贾富萍、薛英花和刘理争编写,其中,李静编写第 2、3、8 章,贾富萍编写第 6、7 章及 NumPy 部分,薛英花编写第 1、4、5 章,刘理争编写第 9 章。在本书的编写过程中,山东财经大学计算机科学与技术学院的李红、都艺兵、陆晶和杨晓红给予了编者大量的支持与帮助,在此致以诚挚的谢意。

　　由于编者水平有限,加之 Python 语言的发展日新月异,书中难免有不妥之处,敬请广大读者不吝赐教。

编　者

2020 年 8 月于山东财经大学

目录 Contents

第1章

Python 语言概述

自计算机诞生以来,先后出现了各种各样的程序设计语言。有面向过程的,有面向对象的;有简洁的,有复杂的;有低级的,有高级的;有通用的,有专用的;有的已被人们遗忘在历史的角落中,有的至今仍在被广泛使用。Python 语言作为后起之秀,是如何在众多各具特色的编程语言中脱颖而出,成为当今最受欢迎的编程语言的呢? 本章将带领读者走近 Python,了解 Python 的发展历史、风格特点及其开发环境。

1.1 Python 语言简介

1.1.1 程序设计语言概述

程序设计语言(又称编程语言)是人与计算机交流信息的工具,它为用户提供了按自己的需要编制程序的功能。

程序设计语言通常可分为三类:机器语言、汇编语言和高级语言。

1. 机器语言

机器语言(Machine Language)是计算机系统能够直接接收、识别并执行的程序设计语言。机器语言中的每条语句就是一条由若干二进制数构成的指令代码或数据代码。

例如,在某 16 位计算机中,机器指令与对应的操作如下。

0000	0010	0000	0001	功能是做加法运算
0000	0011	0000	0001	功能是做减法运算

计算机所能执行的全部指令的集合称为计算机指令系统,它随着 CPU 型号的不同而不同,但同系列的 CPU 一般向后兼容。因此用机器语言编写的程序在不同的计算机系统之间无法通用,故将其称为面向机器的语言。

用机器语言编写的程序的可读性很差,非常难以理解和记忆,出现错误也很难检查。但机器语言编写的程序具有占用内存少、执行速度快、效率高等优点。因为计算机只能识别二进制数,所以用任何其他语言编写的程序都必须转换成机器语言,才能被计算机接收并执行。

2. 汇编语言

汇编语言（Assembly Language）是一种把机器语言符号化的语言，它采用一些有意义的缩写字母及符号（称为助记符）表示机器语言中的指令和数据。例如，用 ADD 表示加法，SUB 表示减法，MOV 表示传送数据，A9H 表示十六进制的数据等。

例如，在某计算机系统中，其汇编指令与对应的操作如下。

```
ADD AX, BX      功能是做加法运算，AX、BX 是通用寄存器
SUB AX, 30H     功能是做减法运算，30H 是用十六进制表示的立即数
```

汇编语言提高了编程的速度，检查和修改程序也会比较方便，它保留了机器语言执行速度快的优点，目前主要用于实时控制等对响应速度有极高要求的场合。汇编语言也是一种面向机器的语言，在不同的计算机系统之间无法通用。

用汇编语言编写的源程序不能被计算机直接接收、识别和执行，需要用汇编程序将其翻译成机器指令（目标程序）才能执行。汇编语言程序的执行过程如图 1-1 所示。汇编语言源程序通过汇编程序进行汇编生成目标程序，运行目标程序可以对输入数据进行处理，从而得到输出结果。

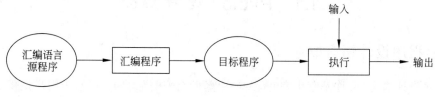

图 1-1　汇编语言程序的执行过程

3. 高级语言

为了解决机器语言和汇编语言编程技术复杂、编程效率低、通用性差等问题，20 世纪 50 年代出现了高级语言。高级语言的语句更接近自然语言，因此用高级语言编写的程序易读、易记、易维护，且通用性强，大幅提高了程序设计的效率。常用的高级语言有 BASIC、FORTRAN、C/C++、Pascal、COBOL 等，面向对象的可视化编程语言有 Visual BASIC、Visual C++、Delphi、PowerBuilder、Java 等。

用高级语言编写的源程序也不能被计算机直接识别、接收和执行，需要通过翻译程序将其翻译成目标程序才能执行。根据翻译方式的不同，可分为编译方式和解释方式两类。

编译方式是用编译程序（又称编译器）将源程序一次性地翻译成等价的目标程序，然后执行该目标程序。大部分高级语言都采用编译方式，如 FORTRAN、Pascal、C/C++、Visual BASIC、PowerBuilder 等。对源程序进行编译的时间较长，程序的调试和修改也比较烦琐，但编译后得到的目标程序执行速度快、运行效率高。编译方式的程序执行过程如图 1-2 所示。

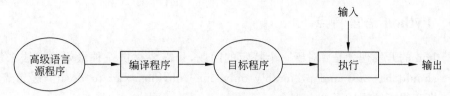

图 1-2　编译方式的程序执行过程

解释方式是用解释程序(又称解释器)将源程序逐条进行翻译,翻译一条执行一条,一边翻译一边执行,采用解释方式的语言 BASIC、FoxBase,开发阶段的 FoxPro、Visual BASIC、PowerBuilder 等。解释执行方式的运行速度慢、效率低,但提供了人机会话方式,易于调试和修改程序。解释方式的程序执行过程如图 1-3 所示。

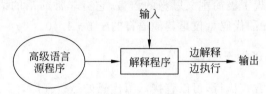

图 1-3　解释方式的程序执行过程

1.1.2　Python 发展简史

Python 语言诞生于 20 世纪 90 年代初,其创始人为荷兰人吉多·范·罗苏姆。Python 的原意为大蟒蛇,源于 Guido 极感兴趣的英国电视喜剧《蒙提·派森的飞行马戏团》(*Monty Python's Flying Circus*)。

1989 年圣诞节期间,Guido 为了打发圣诞节的无聊,决定在 ABC 语言的基础上开发一种新的程序设计语言。ABC 是由 Guido 参加设计的一种面向非专业程序员的教学语言。Guido 认为 ABC 语言非常优美、强大,它之所以未能取得成功主要是由于其非开放性。因此,新的 Python 语言很好地秉持了开放性的理念并取得了极大的成功。目前,Python 已经成为最受欢迎的程序设计语言。

Python 目前有两个不同的版本。2000 年 10 月,Python 2 正式发布;2010 年,Python 软件基金会发布了该系列的最后一个版本 Python 2.7,并宣称不再升级。该版本已于 2020 年 1 月 1 日终止支持,因此 Python 2 已成为历史。

Python 3 于 2008 年 12 月发布,其主版本号为 3.0。Python 3 解决了 Python 2 存在的历史遗留问题,进行了脱胎换骨般的版本更迭。由于 Python 3 不完全兼容 Python 2,因此建议读者采用最新的 Python 3 版本。近年来,Python 3.x 系列持续更新,2015 年发布了 Python 3.5,2016 年发布了 Python 3.6,2018 年发布了 Python 3.7,2019 年发布 Python 3.8。目前,Windows 操作系统下的最新版本是 Python 3.8.3 for Windows。

Python 3 代表了该语言的现在和未来。2019 年 1 月,Python 获得 2018 年度 TIOBE"最佳年度语言"称号,这是 Python 第 3 次获得 TIOBE 最佳年度语言的排名,它也是获奖次数最多的编程语言。

1.1.3   **Python** 语言特点

Python 的开发理念是：对于一个特定的问题，只需要提供一种最好的方法来解决。"There should be one—and preferably only one—obvious way to do it."这句著名的 Python 格言很好地阐述了这个理念。

由于 Python 在设计上坚持了清晰划一的风格，这也使得 Python 成为一门易学、易读、易维护，并且被大量用户喜爱、用途广泛的语言。

Python 作为一种通用性语言，其主要特点如下。

1. 简洁易学

Python 是一种体现了极简主义思想的语言，它有非常简洁的语法，极易上手。若实现相同的功能，Python 的代码量仅是其他语言的 1/5～1/10。

2. 集解释性与编译性于一体

Python 采用解释方式执行，可以直接从源代码处运行程序，但是 Python 解释器也保留了编译器的部分功能，将解释和编译很好地结合到一起。

3. 多模式编程

Python 既支持面向过程的编程，也支持面向对象的编程，为使用者提供了灵活的编程模式。

4. 可扩展性和可嵌入性

Python 可以通过接口或函数库的方式集成 C/C++ 或 Java 代码，也可以把 Python 代码嵌入 C/C++ 程序，为之提供脚本功能。

5. 可移植性

Python 程序是跨平台的，具有良好的可移植性。绝大多数的 Python 程序不做任何修改就可以在各种计算机平台上顺利运行。

6. 免费开源

Python 始终贯彻开源的理念，为所有开发者提供免费的开源代码，这也为 Python 语言的发展壮大奠定了坚实的基础。

7. 良好的编程生态

Python 具有非常丰富的类库。除了几百个内置类和函数库外，还有十几万个开源的第三方库，覆盖领域广，具备良好的编程生态。

当然，Python 也有自己的不足之处，如运行速度慢、代码不能加密、不能很好地支持高并发和多线程的应用等。

Python 语言凭借其简洁性、灵活性和良好的编程生态,已经成为一种通用的编程语言,在科学计算、图像处理、数据处理、人工智能等众多领域得到了广泛的应用。

1.2 Python 开发环境配置

1.2.1 Windows 环境下 Python 的安装

Python 程序是用 Python 语言解释器执行的,Python 官网提供了 Python 语言解释器的安装包。该解释器为用户提供了 Python 命令行和 Python 集成开发环境(Python's Integrated Development Environment,IDLE)两种运行方式。本书以当前较新的 Python 3.8.2 for Windows 版本为例进行介绍。由于 Python 3.8.2 的安装包只有 26.3MB,因此下载和安装速度都非常快。

1. 下载

① 打开 Python 官方网站 https://www.python.org/downloads/,进入解释器下载首页,如图 1-4 所示。该页面的下方列出了可供选择的不同版本,如果要安装最新的 Python 3.8.2,则直接单击 Download Python 3.8.2 按钮即可。

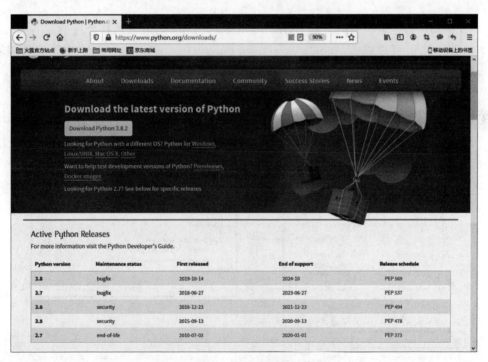

图 1-4 Python 语言解释器下载首页

② 进入如图 1-5 所示的 Python 3.8.2 下载页面。图 1-5 下方显示的是该版本的发布日期、版本介绍及其新特性。

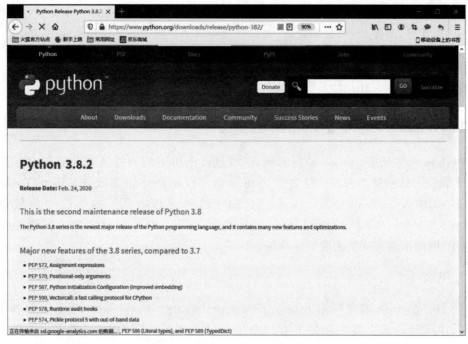

图1-5　Python 3.8.2下载页面(1)

③ 滚动屏幕至该页面的底部,如图1-6所示,在Files列表下选择合适的安装包。通常,64位计算机可以选择Windows x86-64 executable installer,32位计算机可选择Windows x86 executable installer。在选中的文件上单击,会弹出保存文件的对话框,单击"保存文件"按钮,即可将安装文件python-3.8.2-amd64.exe下载到本地。

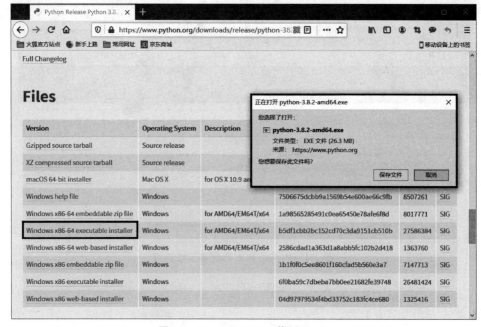

图1-6　Python 3.8.2下载页面(2)

2. 安装

双击安装文件 python-3.8.2-amd64.exe,启动如图 1-7 所示的安装引导进程。注意:一定要勾选 Add Python 3.8 to PATH 复选框。安装进程提供两种安装方式,Install Now 为默认安装方式,该安装方式下无法选择安装路径及其他特性;Customize installation 为订制安装方式,用户可自由选择合适的安装路径和特性,比较灵活。用户可根据自己的需求自行选择合适的安装方式。

图 1-7　安装进程之启动页面

此处单击 Customize installation 进行订制安装,进入如图 1-8 所示的特征选择页面。默认勾选所有复选框,然后单击 Next 按钮进入高级选项页面。

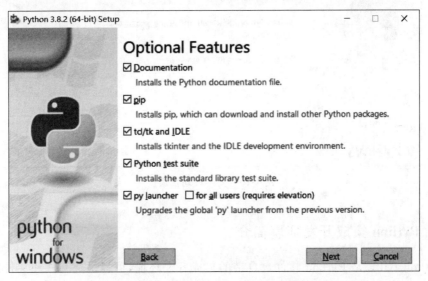

图 1-8　安装进程之特征选择页面

图 1-9 为高级选项页面,系统默认勾选第 2、3、4 项,用户可在 Customize install location 下选择合适的安装路径,单击 Install 按钮即可开始正式安装。

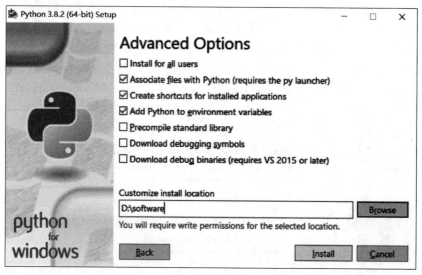

图 1-9　安装进程之高级选项页面

安装结束后,进入如图 1-10 所示的安装成功页面,单击 Close 按钮完成整个安装过程。

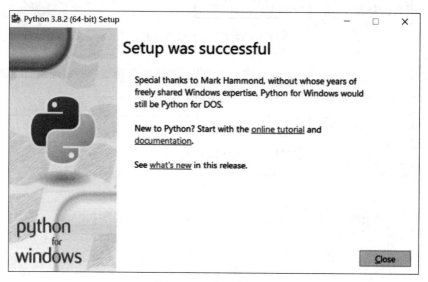

图 1-10　安装成功页面

1.2.2　**Python** 集成开发环境简介

Python IDLE 是 Python 软件包自带的集成开发环境,可提供交互式和文件式两种程序运行方式。交互式是指 Python 解释器即时响应用户输入的每条代码并给出运行结果。文件式是将 Python 程序写到一个文件中，Python 解释器批量解释并执行文件中的代码。交互式通常用于少量代码的调试，而文件式是最常用的程序设计方式。

1. 启动 IDLE

打开"开始"菜单，找到 IDLE（Python 3.8）菜单项并单击，即可进入 Python 3.8.2 Shell 窗口，其界面如图 1-11 所示。

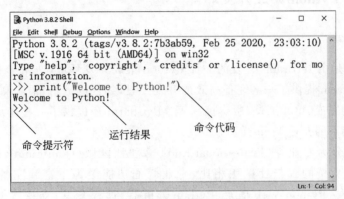

图 1-11　IDLE 交互式程序运行方式

"＞＞＞"为 Python 环境下的命令提示符，在提示符后可以直接输入 Python 命令。在图 1-11 中，输入命令 print("Welcome to Python!")并按 Enter 键，Python 解释器就可以解释并执行该命令，并将执行结果显示在命令行下方。print()是 Python 的内置函数之一，其功能是在屏幕上显示字符串或变量。这种工作方式称为交互式程序运行方式。

在交互方式下，"＞＞＞"提示符后输入的语句并未被保存。为了能保存语句并重复使用，可以把语句保存到一个文本文件，即 Python 源文件（py 文件）中，这就是文件式程序运行方式。

在 Python 3.8.2 Shell 窗口中，选择 File→New File 菜单项，或按快捷键 Ctrl＋N，即可打开 Python 源文件编辑器窗口，如图 1-12 所示。

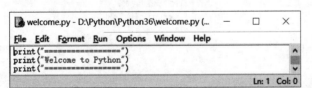

图 1-12　Python 源文件编辑器窗口

在该窗口中依次输入 3 条语句，输入完毕，选择 File→Save 菜单项，或按快捷键 Ctrl＋S，即可保存文件并将其命名为 welcome.py（py 为程序扩展名）。

2. 运行程序

选择 File→Run Module 菜单项，或按快捷键 F5 即可运行该程序，运行结果如下。

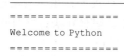

```
================
Welcome to Python
================
```

注意：程序文件的运行结果会显示在 Python 3.8.2 Shell 窗口中。程序运行结束后，会返回 Python 命令提示符状态。

1.2.3 其他 Python 集成开发环境

1. PyCharm

PyCharm 是由 JetBrains 开发的一种 Python 集成开发环境，适用于 Python 专业开发人员。PyCharm 提供了一套完备高效的开发工具，如代码分析、语法高亮、项目管理、智能提示、自动完成、单元测试、版本控制等。PyCharm 还提供了一些高级功能，用于支持 Django 框架下的专业 Web 开发等。

PyCharm 分为专业版（Professional Edition）和社区版（Community Edition），其中社区版是开源免费的。与社区版相比，专业版的功能更为丰富和完备，增加了科学工具、Web 开发、Python Web 框架、Python 分析器、远程开发、支持数据库与 SQL 等高级功能。具体版本可从 PyCharm 官网（https://www.jetbrains.com/pycharm/）下载使用。

图 1-13 为 PyCharm 的工作窗口。窗口顶部为菜单工具栏，左侧窗格为项目（Project）区，右侧窗格为代码区，底部窗格为运行结果区。

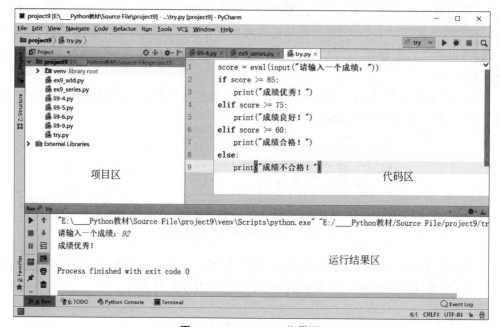

图 1-13　PyCharm 工作界面

2. Anaconda

Anaconda 是一个面向数据科学的开源 Python 版本,其中包括 Python、Conda 以及很多已安装好的工具包及其依赖包,如 NumPy、SciPy、Pandas 等。目前,Anaconda 已经成为数据分析的标准环境。

Anaconda 解决了 Python 的两大问题:一是提供了包管理功能,解决了 Windows 平台安装第三方包经常失败的问题;二是提供了环境管理的功能,解决了多版本 Python 并存切换的问题。

Anaconda 中的主要组件如下。

① Conda:它是 Anaconda 下用于包管理和环境管理的工具,功能类似于 pip 和 virtualenv 的组合。安装后,Conda 会默认添加到环境变量中,因此可以直接在命令行窗口中运行 Conda 命令。

② Anaconda Navigator:它是用于管理工具包和环境的图形用户界面,很多管理命令也可以在 Navigator 中手工实现。

③ Jupyter notebook:它是一个基于 Web 的交互式计算环境,可以很方便地编辑出易于人们阅读的文档,可用于展示数据分析的过程。

④ QtConsole:它是一个可执行 IPython 的仿终端图形界面程序,相比 Python Shell 界面,QtConsole 可以直接显示代码生成的图形,实现多行代码的输入执行,并内置许多有用的功能和函数。

⑤ Spyder:它是一个跨平台的、用于科学运算的 Python 集成开发环境。Spyder 的最大优点是模仿了 MATLAB 的"工作空间"功能,可以方便地查看和修改数据的值。

由于 Anaconda 中包含大量的科学包,因此其下载文件较大(约 500MB)。如果仅使用其中的某些安装包或者需要节省存储空间,则可以安装只包含 Conda 和 Python 的 Miniconda 这个较小的版本。

Anaconda 可用于 Windows、Mac OS 和 Linux 等系统,是适用于企业级大数据分析的 Python 工具,包含 720 多个与数据科学相关的开源包,可用于数据可视化、机器学习、深度学习以及人工智能等众多领域。

Anaconda 的官方网址为 https://www.anaconda.com/download/。因为其服务器在国外,所以其下载速度通常很慢。国内用户可以从清华大学开源软件镜像站下载 Anaconda,网址为 https://mirrors.tuna.tsinghua.edu.cn/help/anaconda/。

Spyder 的运行界面如图 1-14 所示。

图 1-14 的左侧为文件编辑窗格,右下方为交互窗格,右上方为变量管理窗格。该平台将 Python 的两种工作方式集成到一个窗口中并进行了优化,使用起来更加方便快捷。

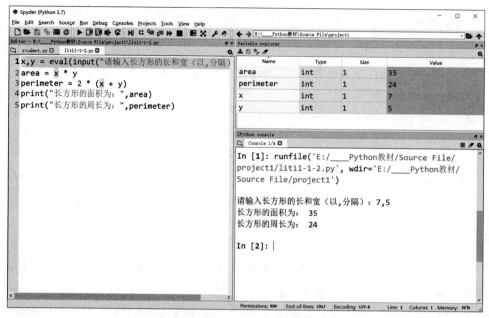

图 1-14　Spyder 的运行界面

1.3　第一个 Python 程序

本节从一个简单的程序入手，以 Python IDLE 集成环境为例，了解 Python 程序的两种运行模式。

【例 1.1】　给定长方形的长和宽，求其面积和周长。

分析：首先要确定长方形的长和宽，然后分别求它的面积和周长，最后输出处理结果。

方法一：交互式运行模式。

启动 IDLE，在命令提示符"＞＞＞"后依次输入如下代码，注意第 1～4 行、6 行、8 行是 Python 语句，第 5、7 行是命令运行的显示结果。

```
1   >>>x, y = 6, 4
2   >>>area = x * y
3   >>>perimeter = 2 * (x + y)
4   >>>print(area)
5   24
6   >>>print(perimeter)
7   20
8   >>>
```

代码的第 1 行为赋值语句，表示将 6 和 4 分别赋给变量 x 和 y，作为长方形的长和宽；第 2 行计算出长方形的面积并赋给变量 area；第 3 行计算出周长并赋值给变量

perimeter；第 4 行输出变量 area 的值，结果显示在第 5 行；第 6 行输出 perimeter 的值，结果显示在第 7 行。

交互运行方式也可以用 cmd 命令打开 Windows 的命令行模式，输入 Python 命令进入 Python 交互式环境。

方法二：文件式运行模式。

打开 IDLE 源文件编辑器窗口，输入下列代码。

```
1   x, y = 4, 6
2   area = x * y
3   perimeter = 2 * (x + y)
4   print(area)
5   print(perimeter)
```

将文件保存为 py 文件并运行该程序，输出结果为

```
24
20
```

1.4　程序设计方法

自程序设计语言诞生至今，出现了多种程序设计方法，其中最主要的是面向过程的程序设计和面向对象的程序设计这两大类。

1.4.1　面向过程的程序设计

面向过程的程序设计（Procedure-Oriented Programming，POP）又称结构化程序设计，其基本思想是分析出解决问题所需要的步骤，然后用函数把这些步骤一步一步地实现。例如，一个做菜的程序可以分解为洗菜、切菜、炒菜、装盘等一系列步骤，每个步骤可以用一个函数实现，依次执行各个函数，就可以实现做菜的功能。

结构化程序设计应遵循以下几个基本原则。

（1）自顶向下，逐步求精

设计程序时，应从问题的总体目标开始，抽象底层的细节，先专心构造高层的结构，然后一层一层地分解和细化。即先考虑总体，后考虑细节；先考虑全局目标，后考虑局部目标。

（2）模块化结构设计

一个复杂的问题通常是由若干较简单的问题构成的。模块化是把程序要解决的总目标分解为子目标，再进一步分解为具体的更容易实现的小目标，把实现每一个小目标的程序段作为一个模块。每一个模块都是一个功能独立、只有一个入口和一个出口的结构。这种结构在设计时应减少模块之间的相互联系，使模块可作为插件使用，降低程序的复杂性，提高可靠性。

（3）限制使用无条件转移语句

无条件转移语句会造成程序流程的混乱，使对程序的理解和调试变得困难，因此一般不建议使用无条件转移语句。按照结构化程序设计的观点，任何算法都可以通过 3 种基本程序结构的组合实现，这 3 种基本结构是：顺序结构、选择结构和循环结构。本书第 4 章会详细介绍这 3 种基本结构。

面向过程的程序设计是一种基础的方法，即使是面向对象的程序设计，也包含面向过程的思想。早期的计算机语言基本上都是面向过程的程序设计语言，如 BASIC、FORTRAN、C 等。

由于结构化程序设计采用"自顶向下，逐步求精"的程序设计方法和"单入口单出口"的控制结构，所以能够编写出结构良好，易于理解、调试和维护的程序。

1.4.2　面向对象的程序设计

结构化程序设计广泛应用，是程序设计的基础。但在面对大型软件设计和图形用户界面开发时，传统的结构化程序设计却有些力不从心，因此出现了面向对象的程序设计。

面向对象的程序设计（Object-Oriented Programming，OOP）是一种计算机编程架构，它将对象作为程序的基本单元，将程序和数据封装在其中，以提高软件的重用性、灵活性和扩展性。Visual C++ 、Visual Basic 等可视化程序设计语言都是面向对象的程序设计语言。Python 既支持面向过程的程序设计，也支持面向对象的程序设计。

在面向对象的程序设计中，对象是最基本的概念，是构成程序的基本单位和运行实体。客观世界的任何事物都可以被看作是对象，既可以是具体实体，也可以是人为抽象的概念。对象由属性和方法（行为）两个基本要素构成，并且能够对外界事件进行响应。属性是对象的静态特征，如一个学生有身高、年龄、籍贯等属性。方法是对象的动态特征，即行为和动作，如学生有上课、出操等行为。

类是对象的抽象，定义了对象共有的属性和行为。对象是类生成的具体实例，一个类可以生成多个对象，这些对象拥有该类的全部共有属性和行为。但这并不意味着这些对象不分彼此、无法区分，它们共同拥有的仅是相同的属性名称和行为名称，而每个对象可以被赋予不同的属性值和行为实现。

本书将在第 8 章详细介绍面向对象的程序设计。

1.4.3　IPO 编程模式

无论程序是简单还是复杂，设计时都有可遵循的统一编程模式。下面介绍一种简单而有效的 IPO 编程模式。

IPO（Input，Process，Output）是一种基本的程序编写方法，它把一个程序设计分为输入数据、处理数据和输出数据三部分。

1. 输入

输入（Input）是一个程序的开始。如例 1.1 中，程序要计算长方形的面积，首先要获取其长度和宽度等数据,否则无法进行后续处理。程序的输入包括用户手工输入、随机数据输入、文件输入、网络输入、内部参数输入等。用户手工输入是常用的少量数据的输入方式。

2. 处理

程序对输入数据进行处理(Process),产生输出结果。处理数据的方法又称算法,是程序设计的核心。根据要解决问题的不同,可采用不同的算法。例如,用于目标查找的顺序搜索法和二分法,用于数据排序的冒泡法和选择法,用于求极值的打擂台算法等。

3. 输出

输出(Output)是一个程序展示运算成果的方式。程序的输出包括屏幕显示输出、文件输出、网络输出、操作系统内部变量输出等。屏幕显示输出是常用的少量数据的输出方式。

【**例 1.2**】　根据 IPO 模式分析例 1.1 的代码。

根据 IPO 模式可知,代码第 1 行为数据输入,由于数据不多,所以采用用户从键盘手工输入的方式;第 2 行和第 3 行是数据处理,通过计算得到长方形的面积和周长;第 4 行和第 5 行是数据输出,分别在屏幕上输出长方形的面积和周长。

例 1.1 的 IPO 模式描述如下。

输入(I):长方形的长 x,宽 y

处理(P):计算长方形的面积 area

　　　　　计算长方形的周长 perimeter

输出(O):长方形的面积 area

　　　　　长方形的周长 perimeter

IPO 编程模式是一种最基本的程序设计方法,有助于初学者快速了解程序的编写方法,理解程序的运行过程。

1.4.4　用计算机解决问题的一般步骤

用计算机解决问题的一般步骤如下。

1. 分析问题

当用计算机解决问题时,首先要对问题有清晰的分析和描述,然后才能设计算法。描述的问题须具备以下 3 个特征:①指明定义问题范畴的任何假设;②清晰地说明已知的信息;③根据分析情况构建数学模型。

2. 设计算法

针对已构建的数学模型设计一个对应求解的算法。

算法是指解题方案的准确且完整的描述,是一系列解决问题的清晰指令,算法代表用系统的方法描述解决问题的策略机制。也就是说,能够对一定规范的输入在有限时间

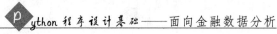

内获得所要求的输出。不同的算法可能用不同的时间、空间或效率完成同样的任务。一个算法的优劣可以用空间复杂度与时间复杂度衡量。

3. 编写程序

选择一个合适的程序设计语言进行编程,按照设计好的算法解决问题。

以面向过程的程序设计为例,一个程序通常可由以下两部分组成。

(1) 数据部分

数据部分是指计算所需的原始数据、计算的中间结果和最终结果等数据。

(2) 指令部分

指令部分是指用一系列的指令(语句)描述解决问题的计算过程。对于结构化程序设计,综合利用顺序、分支和循环等基本结构的组合可以实现任何复杂的算法。

4. 测试和调试

程序测试是指对一个计算机程序在正式使用前的检测,目的是确保该程序能按预定的方式正确运行。编程完成后,一定要进行测试,以检查存在哪些问题。软件测试所追求的是以尽可能少的时间和人力发现软件产品尽可能多的错误。

调试是指测试发现错误后的排除错误过程,是保证系统正确性的必不可少的步骤。程序在投入实际运行前,要用手工或编译程序等方法进行调试,修正语法错误和逻辑错误。程序调试方法可分为静态调试和动态调试。

重复步骤 3 和步骤 4,不断对代码进行优化,直至解决问题为止。

1.5 Python 在金融领域的应用及前景

Python 语言具有开源、跨平台、代码简洁、可拓展性好等独特优势,因此在数学、大数据分析、人工智能等众多领域都得到了广泛应用。在金融领域,Python 更是有着得天独厚的优势,被誉为实现金融科技的第一语言。

Python 在金融产品方面具有以下优势。

1. 容易学习

Python 的语法简单且易于理解,使得开发者可以快速入门并保持积极的学习兴趣,避免开发者被晦涩难懂的语法拒之门外。

2. 成本低

Python 的开源性使得开发者可以获得大量免费资源,大幅降低了金融产品的成本及开发金融产品的门槛,在一定程度上促进了金融产品的繁荣。

3. 资源丰富

Python 拥有大量的金融计算库和 API 集成工具,因此产品开发无须从头开始,可以节省大量的时间和金钱。金融科技产品还需要与大量第三方产品进行集成,而 Python 被誉为"胶水语言",并能提供与 C++、Java 等语言的接口,可以很方便地实现多产品之间的衔接。

4. 开发效率高

Python 的语法简练,仅用几行代码就可以完成金融分析中的数据收集、数学计算以及结果的可视化,开发效率非常高。开发者能够将焦点集中在解决金融问题上,而不必在复杂的技术细节上耗费大量精力。

5. 人才储备充足

随着 Python 的日益流行,其人才储备也越来越充足。根据 HackerRank 官网公布的《2020 年开发者技能报告》,Python 在开发者最想学习的编程语言中名列第二,入选金融服务业编程语言前三名且呈上升态势。这表明将有越来越多的 Python 开发人员加入金融产品的开发领域。

Python 在金融领域有着非常广阔的发展前景。一方面,随着现代金融和金融科技的发展,对 Python 编程人才的需求会越来越旺盛,这必将会吸引更多的人才进入该领域;另一方面,众多高校已陆续开设 Python 及相关课程,Python 人才储备会越来越充足。二者互相促进,必将进一步推进 Python 与金融的融合。

目前使用 Python 的金融公司包括荷兰银行、德国证券交易所集团、Bellco 信用社、摩根大通以及阿尔蒂斯投资管理等。可以预见,在未来相当长的时间内,Python 生态会继续丰富,Python 应用会持续增长,Python 会继续在金融领域大放异彩、独领风骚。

本 章 小 结

本章首先介绍了程序设计语言的分类及 Python 语言的发展简史和特点,然后介绍了 Python 集成开发环境和 Python 程序的开发流程,接着讲解了面向过程和面向对象的程序设计方法以及 IPO 编程模式,最后分析了 Python 在金融领域的应用及前景展望。

本 章 习 题

1.1　什么是程序设计语言?

1.2　程序设计语言通常可以分为哪几类?它们各有什么特点?

1.3　将高级语言源程序翻译成目标程序有哪几种方式?它们各有什么特点?

1.4　Python 语言有哪些特点?

1.5　程序设计方法主要有哪两种?

1.6　Python 的运行方式有哪几种?

1.7 除了 Python IDLE,还有哪些常用的 Python 集成开发环境?

1.8 什么是 IPO 编程模式?

1.9 用计算机解决问题的一般步骤有哪些?

1.10 运行下列程序,熟悉 Python 交互式运行环境。

```
1  >>>s1=input("请输入母校的名字:")
2  请输入母校的名字:山东财经大学
3  >>>s2=input("请输入自己的名字:")
4  请输入自己的名字:张帆
5  >>>print("大家好,我是{}的学生{}!".format(s1,s2))
6  大家好,我是山东财经大学的学生张帆!
```

1.11 运行下列程序,熟悉 Python 文件式编程模式。该程序的功能是:根据不同的考试成绩输出成绩对应的等级(合格/不合格)。

```
1  score = eval(input("请输入一个成绩:"))
2  if score >=60:
3      print("恭喜您,成绩合格!")
4  else:
5      print("很遗憾,成绩不合格!")
```

1.12 运行下列程序,熟悉 Python 文件式编程模式。该程序的功能是:从键盘接收一个正整数 n,求 1~n(含 1 和 n)之间所有整数的和。

```
1  n = eval(input("请输入正整数 n:"))
2  s = 0
3  for i in range(n + 1):
4      s += i
5  print("sum=",s)
```

1.13 运行下列程序,熟悉 Python 文件式编程模式。该程序的功能是:根据能见度划分不同的雾况。

```
1   vis = eval(input("请输入能见度(0-5000):"))
2   if vis <50:
3       print("今天有强浓雾!")
4   elif vis <200:
5       print("今天有浓雾!")
6   elif vis <500:
7       print("今天有大雾!")
8   elif vis <1000:
9       print("今天有雾!")
10  else:
11      print("今天没有雾!")
```

1.14 运行下列程序,熟悉 Python 文件式编程模式。该程序的功能是"家电抽奖"。

运行程序，共抽奖 10 次，查看每次能抽到什么奖品。

```
1   import random
2
3   award = ["电视机","洗衣机","电冰箱","微波炉","电烤箱"]
4   for i in range(10):
5       item = random.choice(award)
6       print("恭喜!您的奖品是:" + item)
7   print("抽奖结束!")
```

1.15 运行下列程序，熟悉 Python 文件式编程模式。该程序的功能是：从键盘输入两个数并求它们中的最小值。

```
1   def calMin(n1,n2):
2       small = n1
3       if n2 < n1:
4           small = n2
5       return small
6
7   x,y = eval(input("请输入两个数(以,分隔):"))
8   print("Min=",calMin(x,y))
```

1.16 绘制一朵太阳花。运行下列程序，了解基本绘图过程。

```
1   import turtle
2
3   turtle.setup(800,600,200,200)
4   #绘制花瓣
5   turtle.penup()
6   turtle.goto(50,0)
7   turtle.pendown()
8   turtle.color("red","red")
9   turtle.begin_fill()
10  turtle.seth(0)
11  turtle.circle(25,231)
12  for i in range(6):
13      turtle.right(180)
14      turtle.circle(25,231)
15  turtle.end_fill()
16  #绘制花蕊
17  turtle.pencolor("yellow")
18  turtle.penup()
19  turtle.goto(0,0)
20  turtle.pendown()
21  turtle.dot(100)
22
23  turtle.done()
```

程序运行结果如图 1-15 所示，可以尝试给太阳花加上茎和绿叶。

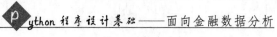

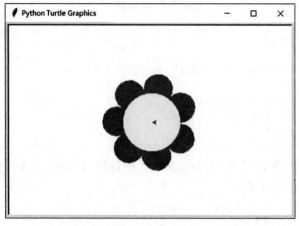

图 1-15　绘制太阳花的程序运行结果

第 2 章

Python 基本语法元素

在第 1 章中,我们已经学习了如何创建和运行最基本的 Python 程序。本章我们将从一个简单的实例开始,学习如何使用变量、运算符、表达式、基本输入/输出等基本的 Python 语法元素。

下面考虑编写一个程序计算本月产生的利息额,在这个问题中,需要输入账户余额和年利率,通过计算获得利息,然后显示结果,IPO 分别如下。

> I:账户余额、年利率
>
> P:本月利息＝账户余额×(年利率/12)
>
> O:显示本月利息

参考例 2.1 的代码。注意:Python 是字母大小写敏感的语言,必须严格按字母大小写输入代码。

【例 2.1】 编程计算本月产生的利息额。

```
1    balance = 50000                                    #账户余额
2    annualInterestRate = 5.5                           #年利率
3    interest = balance * ( annualInterestRate / 1200 )  #利息=余额×月利率
4    print("本月应付利息为:", interest )
```

在这段简单的代码中,第 1、2 行使用两个不同的变量存储账户余额和年利率,第 3 行利用表达式计算本月利息,第 4 行对计算结果进行输出显示,输出结果如下。

```
本月应付利息为: 229.16666666666666
```

下节将对这段代码中涉及的语法元素进行讲解,并对程序做出改进。

2.1 数据类型概述

计算机存储和处理的信息被称为数据,像例 2.1 中的 50000、5.5、1200、"本月应付利息为:"等都是程序处理的数据。数据是有各种表现形式的,例如用于数值计算的数值型数据,用于表示文本的字符型数据,用于表示真与假的逻辑型数据,等等。不同类型的数据有不同的表示与处理方法。在这一节中,我们简单了解一下 Python 能够处理的数据类型。

2.1.1 数值类型

表示数值大小的数据被称为数值类型数据,Python 提供了 3 种数值类型:整数、浮点数和复数。整数类型 integer(int)用于表示没有小数部分的数字,浮点类型 float 表示有小数部分的数字,如例 2.1 第 1 行代码中的常数 50000 即为整数,而第 2 行代码中的5.5 即为浮点数。复数类型对应的就是数学中的复数。

我们可以用 type()函数返回数据的类型,如:

```
1    >>>type(1)
2    <class 'int'>
3    >>>type(1.0)
4    <class 'float'>
```

数值类型的数据参与数值运算,数值运算使用的运算符是算术运算符,基本的算术运算符有"+""−""＊""\",对应数学中的加、减、乘、除运算。Python 还提供了许多数值型数据的处理方法,本书将在第 3 章进行详细介绍。

2.1.2 字符串类型

表示文本信息的数据被称为字符串类型数据。Python 中,字符串(String)是用成对的双引号("")或者成对的单引号('')括起来的零个或多个字符。例 2.1 中的""本月应付利息为:""就是一个字符串。

字符串实际上是零个或者多个字符的有序排列。Python 中既有字符串运算符,又有丰富的字符串处理方法,本书将在第 3 章进行详细介绍。

2.1.3 组合数据类型

基本数据类型的数据只能表示单一数据。除了基本数据类型,Python 还有一类非常重要的数据类型——组合数据类型,它用来对一组数据进行批量处理。例如用一个数据结构存储某种商品一年中每天的价格,利用该数据结构中存储的 365 个价格进行该商品在本年度内的价格变化统计。这样的数据结构就是组合数据类型。

在 Python 中,组合数据类型分为三大类:序列类型、集合类型和映射类型。每种组合数据类型都对应一个或者多个具体的数据类型,其详细的使用方法将在第 6 章进行介绍。

2.2   变   量

例 2.1 中用到了 3 个变量 balance、annualInterestRate 和 interest,它们分别用来存储账户余额、年利率和本月利息额。

2.2.1　变量的概念

程序设计中变量的概念和数学中变量的概念类似,其作用都是保存数据。确切地说,变量是指存储数据的内存单元,变量名就是这个内存单元的名字,通过变量名引用相应内存单元中的数据。

变量之所以被称为变量,是因为其保存的数据的值是可以改变的。

2.2.2　变量的命名规则

变量名属于自定义标识符,Python 中的自定义标识符除了变量名,还有函数名、类名等。Python 的自定义标识符的命名规则如下。

① 标识符首字符必须是字母、下画线(_)或者汉字,除首字符以外,其余字符可以包含字母、数字、下画线和汉字。在 Python 中,以下画线开始的标识符有特殊含义,尽量不要使用。

② 标识符的长度不限。

③ 不能与 Python 关键字同名。关键字(Keyword)又称保留字,它是编程语言内部定义并保留使用的标识符,自定义标识符不能与关键字相同。每种编程语言都有一套自己的关键字,Python 3.8 的 35 个关键字如表 2-1 所示。后续章节会陆续讲解这些关键字的用法。

表 2-1　Python 关键字

and	as	assert	async	await	break	class
continue	def	del	elif	else	except	finally
for	from	False	global	if	import	in
is	lambda	nonlocal	not	None	or	pass
raise	return	try	True	while	with	yield

④ 标识符可以和 Python 内置函数同名,Python 解释器不会报错,但是该内置函数会被这个变量覆盖,该内置函数无法在同一代码范围内再次正确使用,所以建议也不要和内置函数同名。Python 内置函数详见后续章节。

Python 的变量名通常使用小写字母,并且使用描述性的名字,例如 balance,描述性的名字通常能够见名知义,增加程序的可读性。如果一个名字包含多个连在一起的单词,则通常第一个单词全部小写,后续每个单词的第一个字母大写,例如 annualInterestRate。

2.3　基本赋值语句与输入/输出函数

2.3.1　赋值语句

等号(＝)是 Python 中的赋值运算符,给变量赋值的语句被称为赋值语句,赋值语句的格式如下：

<变量>= <表达式>

赋值运算可以将右侧表达式的计算结果赋值给左侧的变量。

可以用如下格式给多个变量赋同一个值：

<变量 1>= <变量 2>=…=<变量 n>= <表达式>

也可以用如下格式给多个变量同时赋不同的值：

<变量 1>, <变量 2>, …,<变量 n>= <表达式 1>, <表达式 2>, …,<表达式 n>

同时赋值语句先计算右侧各个表达式的值，然后将这些值依次赋值给左侧对应的变量。利用同时赋值可以非常简便地完成程序设计中的一种常见操作——变量值的交换。以下代码实现了变量 x 与 y 值的交换。

```
1    >>>x, y = 10, 15
2    >>>print(x, y)
3    10 15
4    >>>x, y = y, x
5    >>>print(x, y)
6    15 10
```

注意：Python 的变量不需要定义，但必须先赋值再使用，并且可以通过赋值语句改变其值。如果使用未赋值的变量，则提示变量未定义错误。例如以下代码，系统运行时发现 radius 之前未赋值就用于表达式计算，会提示错误。

```
1    >>>area = radius * radius * 3.1415
2    Traceback (most recent call last):
3      File "<pyshell#7>", line 1, in <module>
4        area = radius * radius * 3.1415
5        NameError: name 'radius' is not defined
```
→radius 标识符未定义错误

2.3.2 input()函数与 eval()函数

在例 2.1 中，账户余额和年利率都是直接给定值的。如果使用其他的账户余额值或者年利率值，就不得不修改源代码。为了提高代码的通用性，可以利用 input()函数让程序从控制台读取用户输入的数据，而不是修改程序的内部代码。

Python 内置的 input()函数可以接收用户从控制台输入的内容，无论用户输入什么内容，input()函数都会以字符串的形式将输入内容返回。input()函数的调用格式为

```
<变量>= input(<提示信息字符串>)
```

```
1    >>>balance = input("请输入账户余额,例如 50000:")
2    请输入账户余额,例如 50000:34000
3    >>>balance
4        '34000'
```

在执行到 input( )函数时,会显示提示信息字符串,等待用户从键盘输入内容,按 Enter 键结束输入。可以看到用户输入了数字 34000,input( )函数会以字符串'34000'的形式输出。

我们需要账户余额参与数学运算,但字符串是不能进行数学运算的,所以需要将账户余额转换为数值型。Python 内置的 eval( )函数可以将字符串转换为数值型并将其返回,其调用格式为

```
eval(<字符串>)
```

修改上面的代码,用户输入的数字 34000 是以数值型数据的形式输出的。

```
1    >>>balance = eval(input("请输入账户余额,例如 50000:"))
2    请输入账户余额,例如 50000:34000
3    >>>balance
4        34000
```

eval( )函数是 Python 的一个重要函数,它能够将字符串参数两端成对的定界符去掉,将内容看成一个表达式,并返回表达式的计算结果。例如,eval("345")返回 345,eval("3+4 * 5")返回表达式 3+4 * 5 的运算结果 23。

【例 2.2】　利用 input( )函数和 eval( )函数改进例 2.1,使程序具有通用性。

```
1    balance = eval( input("请输入账户余额,例如 50000:"))      #账户余额
2    annualInterestRate = eval(input("请输入年利率,例如 5.5:"))   #年利率
3    interest = balance * ( annualInterestRate / 1200 )         #利息=余额×月利率
4    print("本月应付利息为:", interest)
```

运行结果为

```
请输入账户余额,例如 50000:50000
请输入年利率,例如 5.5:3.5
本月应付利息为:145.83333333333334
```

也可以用 input( )函数一次性地接收用户从键盘上输入的多个数据,例如以下 input( )函数,用户输入以逗号分隔的两个整数,这两个整数分别被赋值给 x 和 y 两个变量。

```
1    >>>x, y = eval(input("请输入两个整数,用逗号进行分隔: "))
2    请输入两个整数,用逗号进行分隔: 3,17
```

```
3   >>>print(x, y)
4   3 17
```

2.3.3   print()函数

在上面的代码中,我们多次使用了 Python 内置的 print()函数显示输出字符串、变量或者表达式的值,也可以在同一行中一次性地输出多个值,在输出完毕后换行。 如果是无参的 print()函数,则输出空白行,例如:

```
1   >>>print()
2
3   >>>print(3.1415)
4   3.1415
5   >>>print(3.1415 * 2 * 2)
6   12.566
7   >>>print("半径为 2 的圆面积是", 3.14 * 2 * 2)
8   半径为 2 的圆面积是 12.56
```

在例 2.1 和例 2.2 中,最后对于 interest 变量的输出,可以用 print()函数的格式化输出方式将输出结果整理成我们期望的格式,如只保留两位小数。将例 2.2 最后的 print()函数改为如下形式:

```
print("本月应付利息为:{:.2f}".format( interest))
```

运行后的输出结果为

```
请输入账户余额,例如 50000:50000
请输入年利率,例如 5.5:3.5
本月应付利息为:145.83
```

这里调用的是字符串对象的 format()方法,""本月应付利息为：{：.2f}""是模板字符串,其中,花括号代表一个槽位置,这个位置由 format()方法的参数 interest 的值填充,填充格式为花括号里的".2f",意为将 interest 的值保留两位小数。第 3 章中的字符串格式化部分将详细介绍这种格式化输出方式。

2.4   程序流程结构概述

程序由 3 种基本流程结构组成:顺序结构、选择结构和循环结构。下面简单介绍这3 种结构,它们的更多用法将在第 4 章详细介绍。

2.4.1   顺序结构

例 2.1 和例 2.2 的程序结构是由最简单的顺序结构组成的,即程序按照语句的顺序一条一条地执行。顺序结构是程序结构的基础,但是顺序结构的单一性决定了它不能解决所有问题,还需要其他两种结构的配合才能满足多样化功能需求。

2.4.2　选择结构

考虑例 2.2,如果用户在被提示输入账户余额的时候输入了负数,账户余额负值便属于非法数据,可以修改例 2.2 的代码以处理这种非法输入。

【例 2.3】　改进例 2.2,处理用户输入的负余额。

```
1    balance =eval( input("请输入账户余额,例如 50000:"))           #账户余额
2    if balance < 0 :
3        print("账户余额不能为负值")
4    else:
5        annualInterestRate = eval(input("请输入年利率,例如 5.5:")) #年利率
6        interest = balance * ( annualInterestRate / 1200 )       #利息=余额×月利率
7        print("本月应付利息为:{:.2f}".format(interest))
```

如果用户输入的账户余额值为负数,则有如下类似的运行结果。

```
请输入账户余额,例如 50000:-100
账户余额不能为负值
```

如果用户输入的账户余额值为非负数,则有如下类似的运行结果,可以正常计算出应付利息。

```
请输入账户余额,例如 50000:50000
请输入年利率,例如 5.5:3.5
本月应付利息为:145.83
```

例 2.3 使用了选择结构 if-else,选择结构又称分支结构,它的作用是根据条件判断的结果选择程序执行的路径。选择结构的基本使用格式如下。

```
if <条件>:
    <语句块 1>
else:
    <语句块 2>
```

<条件>是一个结果为逻辑值的表达式。如果结果为 True,即条件成立,则执行语句块 1;如果结果为 False,即条件不成立,则执行语句块 2。注意:选择结构使用严格的缩进标识语句块。语句块 1 和语句块 2 中的语句都有相同的缩进。

例 2.3 中,第 2 行 if 后面的 balance < 0 是比较表达式,其结果就是逻辑值。如果为 True,则执行第 3 行的语句;如果为 False,则执行第 5、6、7 行的语句。

2.4.3　循环结构

如果一个语句块需要重复执行多次,则可以使用循环结构实现。考虑例 2.3,用户输

入余额后,如果需要输出一年内每个月获取利息后的余额,则这 12 个月的余额计算方法都是"上月余额加本月利息"。如果把类似的计算语句重复写 12 遍,则既乏味又费力,这时就可以用循环结构实现。

【例 2.4】 改进例 2.3,输出存款在一年内将利息考虑在内的每个月的余额。

```
1    balance = eval( input("请输入账户余额,例如 50000:"))              #账户余额
2    if balance < 0 :
3        print("账户余额不能为负值")
4    else:
5        annualInterestRate = eval(input("请输入年利率,例如 5.5:"))   #年利率
6        interest = balance * ( annualInterestRate / 1200 )           #月利息=余额×月利率
7        for i in range(1,13):
8            balance = balance + interest                             #余额=上月余额+利息
9            print("第{:2d}个月余额为:{:.2f}".format(i,balance))
```

在 else 的语句块中用到了循环结构。第 7 行是一个遍历循环的循环控制语句,控制 i 从 1 到 12 每次增 1 的变化。第 8、9 行是循环体,i 每取到一个新的值,就执行一次循环体——计算本月余额并输出。构成循环体的语句也需要严格缩进。

运行结果如下。

```
请输入账户余额,例如 50000:50000
请输入年利率,例如 5.5:3.5
第 1 个月余额为:50145.83
第 2 个月余额为:50291.67
第 3 个月余额为:50437.50
第 4 个月余额为:50583.33
第 5 个月余额为:50729.17
第 6 个月余额为:50875.00
第 7 个月余额为:51020.83
第 8 个月余额为:51166.67
第 9 个月余额为:51312.50
第 10 个月余额为:51458.33
第 11 个月余额为:51604.17
第 12 个月余额为:51750.00
```

2.5 Python 程序格式规范

任何一门程序设计语言都有自己的一套语法,程序员必须严格按照语法格式的规定编写程序,Python 也不例外。

2.5.1 注释

注释是程序员在代码中加入的说明性文字,用来对变量、语句、方法等进行功能性说明,以提高代码的可读性。程序运行时,编译器或者解释器会忽略注释文字,因此注释不

会影响程序的运行结果。以上例题代码中"#"之后的文字都是注释。

　　Python 语言有两种注释方法：单行注释和多行注释。单行注释以"#"开头，可以独占一行，也可以放在程序语句之后。多行注释以 3 个单引号（''）作为开头和结束的标志，例如：

```
1   #这是单行注释
2   print("Hello World!")                              #这是从行中间开始的注释
3   '''
4   这是多行注释
5   这是注释
6   这也是注释
7   '''
```

2.5.2　缩进

　　Python 用缩进标识代码块，有着严格的缩进规则。缩进是指代码行前面的空白区域，一般代码不需要缩进，在一行的开头开始写，不留空白。例如例 2.1 和例 2.2 中的所有行都没有缩进。

　　缩进用来表示代码之间的层次关系，同一层次的代码块必须有相同的缩进。一般用 Tab 键或者多个空格实现，一般采用 4 个空格，但是两者不能混用。

　　例如例 2.4 的代码，在选择结构中，if 关键字之后有冒号"："引领的语句块，语句行的每句代码都采用相同的缩进，表明这些代码和 if 关键字之间的从属关系。else 关键字之后的语句块也采用同样的缩进规则。else 语句块又包含一个遍历 for 循环结构，在 for 语句之后也有冒号（：）引领的循环体语句块，循环体中的每条语句都采用同一缩进，并且比 else 语句块的缩进更深一层。所以缩进不仅括起了语句块，同时也体现了一种包含关系。

　　缩进规则不仅用于选择结构和循环结构，在函数定义等语句结构中也需要严格缩进。

2.5.3　续行

　　Python 每行代码的长度是没有限制的，但是单行太长的代码不易阅读，可以用 Python 提供的续行符（\）将单行代码分割成多行。例如在下面的代码中，第 1 行语句可以写成第 2~4 行的形式，1 条语句分成了 3 条语句。

```
1   print("本月应付利息为:{:.2f}".format(interest))
2   print("本月应付利\
3       息为:{:.2f}".\
4       format(100))
```

2.6　Python 标准库和第三方库概述

　　Python 提供了许多内置函数，例如前面例题中用到的 print()、input() 和 eval() 都是 Python 的内置函数。对于这些函数，我们不需要导入任何模块，可以直接调用它们以完成某种操作。

Python 也提供了丰富的函数库,它们分为以下两类。

① Python 环境中默认支持的库,不需要安装,被称为 Python 标准函数库。

② 第三方提供的需要安装的函数库,被称为 Python 第三方库。

2.6.1 import 引入

无论是哪种函数库,在使用之前都必须用 import 语句引入该库,引入的格式有以下几种。

```
① import 库名
② import 库名1,库名2,…
③ import 库名 as 别名
④ from 库名 import <函数名1,函数名2,…>
⑤ from 库名 import *                    # *表示所有函数
```

用第①、②种方式引入库之后,库中的函数可以用如下格式调用。

```
库名.函数名(参数)
```

用第③种方式引入库之后,库中的函数可以用如下格式调用。

```
别名.函数名(参数)
```

用第④、⑤种方式引入库之后,库中的函数可以用如下格式调用。

```
函数名(参数)
```

2.6.2 第三方库的安装

Python 有着丰富且功能强大的第三方库,Python 官方网站(https://pypi.org/)为程序员提供了第三方库的索引功能。这些第三方库必须在安装后才能用 import 语句引入并使用。

Python 第三方库可以用以下两种方法安装。

(1) 在线安装第三方库

pip 命令是 Python 提供的第三方库在线安装工具,在 Python 3 环境的系统中,可以使用 pip3 命令安装第三方库。pip 命令需要在命令提示符窗口下运行。运行 pip-h 命令将列出 pip 常用的子命令。安装第三方库的命令格式为

```
pip install <第三方库名>
```

已安装的第三方库如有新的版本,则可以用以下格式的 pip 命令更新已安装的第三方库。

```
pip install - U <第三方库名>
```

也可以用 pip list 命令列出所有已安装的第三方库。

pip 命令是效率最高的第三方库安装方式,也是安装第三方库主要采用的方式。

(2) 文件安装第三方库

在使用 pip 命令安装第三方库失败的情况下,需要手动下载相应的第三方库文件进行离线安装,可以在 Python 官网下载第三方库对应的 whl 文件。

在安装 whl 文件之前,需要先在 Python 中用 pip install wheel 命令安装 wheel,然后使用 pip install 命令安装 whl 文件。安装好的第三方库就可以用 import 语句引入并使用了。

2.6.3　turtle 库的使用

下面以 Python 的 turtle 库为例,介绍标准库的基本用法。

turtle 库是一个用于图形绘制的标准函数库,其绘图框架是一只小海龟(turtle)在窗口画布的坐标系中爬行,可以调用 turtle 库中的函数控制小海龟前进、后退、旋转的角度,把小海龟看作 turtle 画笔,其爬行轨迹就构成了绘制的图形。

turtle 库中的函数属于标准库,不需要安装,但是也不能直接使用。下面用 import 引入该库。

① import turtle。对 turtle 库中的函数使用 turtle.<函数名>()的格式进行调用。

② from turtle import *。对 turtle 库中的所有函数直接采用<函数名>()的格式进行调用。

③ import turtle as t。对 turtle 库中的函数使用 t.<函数名>()的格式进行调用。

1. turtle 绘图坐标系

如图 2-1(a)所示,在初始状态下,turtle 位于画布正中央,也就是画布坐标系原点,初始方向为 x 轴正方向。

图 2-1(b)标出的是 turtle 的角度坐标系,标识的是 turtle 的绝对角度,turtle 的旋转可以以绝对角度为标准进行操作,也可以以 turtle 当前的前进方向为标准进行相对角度的操作。

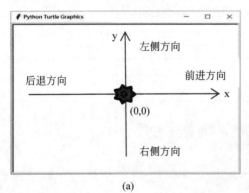

(a)

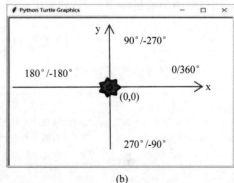

(b)

图 2-1　turtle 绘图坐标系

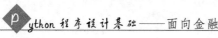

2. turtle 简单绘图操作

① 显示或者隐藏画笔形状，在画布上，画笔以箭头的形式显示，箭头的方向就是画笔的当前方向。

```
turtle.showturtle()
turtle.hideturtle()
```

② 画笔的抬起与落下。

```
turtle.penup()                    #抬起画笔,这时画笔再前进或者后退不留轨迹
turtle.pendown()                  #画笔落下,画笔前进或者后退都留轨迹,即绘图
```

③ 定位画笔到指定位置。

```
turtle.goto(<x>,<y>)              #画笔前进到点(<x>,<y>)
```

④ 画笔颜色的设置。

```
turtle.pencolor(<(r,g,b)>|<颜色字符串>)
```

常用的颜色字符串有 pink、green、black、blue、green、purple、red 等。

也可以采用 RGB 模式生成需要的颜色，r、g、b 取值都为[0,255]的整数，这 3 种基本颜色可以叠加形成各种颜色。RGB 颜色模式的详细介绍请查阅相关资料，在此不再赘述。

⑤ 画笔宽度的设置。

```
turtle.pensize(<n>)
```

⑥ 画笔绘图速度的设置。

```
turtle.speed(<n>)                 #n 取 [1,10],值越大,速度越快
```

⑦ 控制画笔前进 n 个像素，如果 n 是负数，则控制画笔后退。

```
turtle.fd(<n>)                    #等价于 turtle.forward(<n>)
```

⑧ 画笔绘制方向的设置。

```
turtle.seth(<angle>)
    #设置画笔当前方向为 angle 度,该角度为角度坐标系所示的绝对角度
turtle.right(<angle>)             #画笔在当前方向向右转 angle 度
turtle.left(<angle>)              #画笔在当前方向向左转 angle 度
```

⑨ 绘制圆和圆弧。

```
turtle.circle(<raduis>[,<extend >=None])
```

绘制半径为 raduis 的 extend 角度的弧形,如果省略 extend 参数或者 extend 参数为 None,则画圆。如果 raduis 为正,则在画笔左侧画圆;如果 radius 为负,则在画笔右侧画圆。

⑩ 绘制正多边形。

```
turtle.circle(<l>, steps = <n>)
```

绘制边长为 l、边数为 n 的正多边形。

⑪ 绘制字符串。

```
turtle.write(<s>)
```

【例 2.5】　用 turtle 画出如图 2-2 所示的时钟示意图。

```
1    import turtle
2    #设置画布大小 600×400,画布左顶点设置在屏幕坐标系的(100,100)
3    turtle.setup(600,400,100,100)
4    turtle.speed(10)
5
6    #画表盘
7    turtle.seth(0)
8    turtle.penup()
9    turtle.goto(0,-100)
10   turtle.pencolor("black")
11   turtle.pendown()
12   turtle.circle(100)
13
14   #添加表盘上的 3、6、9、12 数字
15   turtle.penup()
16   turtle.goto(-5,85)
17   turtle.pendown()
18   turtle.write("12")
19   turtle.penup()
20   turtle.goto(90,-5)
21   turtle.pendown()
22   turtle.write("3")
23   turtle.penup()
24   turtle.goto(-5,-95)
25   turtle.pendown()
26   turtle.write("6")
27   turtle.penup()
28   turtle.goto(-95,-5)
29   turtle.pendown()
30   turtle.write("9")
```

```
31
32  #画红色秒针
33  turtle.penup()
34  turtle.goto(0,0)
35  turtle.pendown()
36  turtle.seth(-30)
37  turtle.pencolor("red")
38  turtle.fd(80)
39  turtle.goto(0,0)
40
41  #画蓝色时针
42  turtle.seth(180)
43  turtle.pensize(4)
44  turtle.pencolor("blue")
45  turtle.fd(60)
46  turtle.goto(0,0)
47
48  #画绿色分针
49  turtle.right(90)
50  turtle.pensize(2)
51  turtle.pencolor("green")
52  turtle.fd(70)
53
54  turtle.hideturtle()
55  turtle.done()                      #停止画笔绘制,但绘图窗口不关闭
```

程序运行结果如图 2-2 所示。

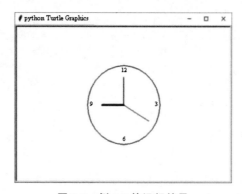

图 2-2　例 2.5 的运行结果

本 章 小 结

　　本章从一个简单的程序入手,介绍了 Python 的基本语法元素;以标准库 turtle 库为例,简单介绍了 Python 标准库的使用方法,同时介绍了第三方库的安装方法。

本 章 习 题

2.1　下列哪些是 Python 关键字？哪些是合法的标识符？

①if　②If　③elif　④♯sdf　⑤123_abc　⑥radius　⑦area　⑧APP03　⑨for ⑩as　⑪False　⑫n_sum　⑬a＋b　⑭aveOfNumbers

2.2　列哪些赋值语句是合法的？

① x，y = 2　　　② x = 2，y = 3　　　③ x，y = 2，3

④ x = 2　　　　⑤ x = y = 3　　　　⑥ x，y = "a"，3

⑦ 2 = x

　y = 3

　x，y = y，x

2.3　写出下列代码的输出结果。

```
1   a1 = 34
2   a2 = 29
3   a3 = 90
4   average = (a1 + a2 + a3) / 3
5   print(a1,"和", a2,"和", a3, "的平均值为", average)
```

2.4　将以下代码使用合适的注释方法进行注释。

```
1    画表盘
2    turtle.seth(0)          画笔绝对角度设置为 0°方向
3    turtle.penup()
4    turtle.goto(0,-100)
5    turtle.pencolor("black")
6    turtle.pendown()
7    turtle.circle(100)
8    以上代码以(0,-100)为圆心，
9    以 100 为半径画圆，
10   画笔颜色为黑色
```

2.5　将下列算法翻译成 Python 代码。

第 1 步：将 50 赋值给一个名为 radius 的变量。

第 2 步：将 radius 先乘以 2 再乘以圆周率（取 3.14）后赋值给一个名为 kilometers 的变量。

第 3 步：输出显示 kilometers 的值。

2.6　程序设计：用 print 语句打印输出以下图形。

```
    *
   * * *
  * * * * *
```

2.7 程序设计：接收用户从键盘输入的两个整数，输出显示这两个数的和与积。

2.8 程序设计：接收用户从键盘输入的华氏温度值，用以下公式将该值转换成摄氏温度值并输出显示。

$$C=(F-32)\times 5/9$$

2.9 程序设计：接收用户从键盘输入的圆的半径，计算输出圆的周长和面积，圆周率取 3.14。

2.10 程序设计：绘制两个点（-50,35）和（50,-35）之间的连线，并显示两点的坐标，如图 2-3(a)所示。

2.11 程序设计：绘制两个相切的等半径圆，如图 2-3(b)所示。

2.12 程序设计：绘制等边三角形，如图 2-3(c)所示。

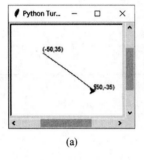 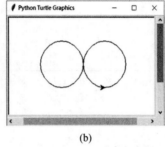 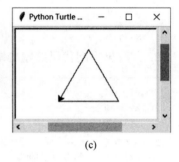

(a)　　　　　　　　　　(b)　　　　　　　　　　(c)

图 2-3　第 2 章习题图

第 3 章

基本数据类型

2.3 节已经简单介绍了 Python 数据类型,本章将详细介绍基本数据类型的使用和操作方法。

3.1 数 值 类 型

表示数值大小、可以进行数值运算的数据被称为数值类型数据。现实中的很多数据都是数值型的,如年龄 18 岁、成绩 100 分、利率 0.035、月收入 8000 元等。Python 提供了 3 种数值类型:整数、浮点数和复数,分别对应数学中的整数、实数、复数。

3.1.1 整数类型、浮点数类型和复数类型

1. 整数类型

Python 中的整数类型为 int 型,可以用十进制、二进制、八进制和十六进制表示,默认用十进制表示,若用其他进制,则需要增加引导符号。二进制以 0b 或者 0B 引导,八进制以 0o 或者 0O 引导,十六进制以 0x 或者 0X 引导。

例如:

```
1   >>>110
2   110
3   >>>0b1101110
4   110
5   >>>0o156
6   110
7   >>>0x6E
8   110
9   >>>type(0x6E)
10  <class 'int'>
```

整数类型在 Python 中理论上是没有取值范围限制的,它只受运行 Python 程序的计算机内存大小的制约。

2. 浮点数类型

Python 中的浮点数类型为 float 型，表示带有小数部分的数值，小数部分可以是 0。浮点数可以用十进制表示，也可以用科学记数法表示。

例如：

```
1   >>>0.0
2   0.0
3   >>>-17.0
4   -17.0
5   >>>9.6E5
6   960000.0
7   >>>3.14e-4
8   0.000314
9   >>>type(3.14e-4)
10  <class 'float'>
```

3. 复数类型

Python 中的复数类型为 complex 型，一般形式为 a＋bj 或者 a＋bJ，a 为实数部分，b 为虚数部分，a 和 b 都是浮点数类型，例如 2＋3j、0.5j、2＋0j、1.2e-5＋1.2e10j 都是 Python 中的复数类型。

复数的实部和虚部是以复数的属性存在的，这两个属性分别为 real 和 imag，例如：

```
1   >>>z = -3 + 4.5j
2   >>>type(z)
3   <class 'complex'>
4   >>>z.real                              #获得 z 的实部
5   -3.0
6   >>>z.imag                              #获得 z 的虚部
7   4.5
```

3.1.2　数值运算符

数值类型的数据可以参与数值型运算，需要使用 Python 算术运算符，如表 3-1 所示。

表 3-1　算术运算符

运　算　符	功　　能	示　　例
x＋y	x 与 y 的和	32＋5 结果为 37
x—y	x 与 y 的差	32—5 结果为 27
x＊y	x 与 y 的积	32＊5 结果为 160

续表

运 算 符	功 能	示 例
x/y	x 与 y 的浮点除法	30/5 结果为 6.0
x//y	x 与 y 的整数商,不大于 x 与 y 的商的最大整数	32//5 结果为 6
x**y	x 的 y 次幂	4**0.5 结果为 2.0
x%y	x 与 y 的商取余数,模运算	32%5 结果为 2

其中,运算符"/"执行的是浮点除法,其结果为浮点数。即使是两个整数进行浮点除法,也会产生一个浮点数结果。例如 30/5 的结果为 6.0。

运算符"//"执行的是整数除法,会对结果取整,小数部分会被直接舍掉。例如 32//5 的结果为 6。

运算符"**"执行的是幂运算,即 x ** y 相当于 x^y。例如 4 ** 2 的结果为 16。

运算符"%"执行的是取余或者取模运算,即进行除法取余数。例如 7%3 的结果为 1,32%5 的结果为 2。可以用取模运算判断整除,例如下面是判断一个数是否是偶数的代码。

```
1  >>>x=16
2  >>>if x %2 ==0:
3          print("{}是偶数".format(x))
4
5  16是偶数
```

【例 3.1】 在这个程序中,用户输入以分为单位的总金额,程序将其转换为元、角、分的表示形式并输出。

实现这个简单的转换器需要通过以下步骤。

① 提示用户输入一个整数,即以分为单位的总金额。

② 将分除以 100,其商即为转换的元,余数即剩余的分。

③ 将剩余的分除以 10,其商即为转换的角,余数即剩余的分。

```
1   n = eval(input("请输入一个整数,例如 3145,代表 3145 分钱:"))
2   remaining_fen = n                         #n 保存用户输入的分,remaining_fen 存储变化的分
3
4   yuan = remaining_fen // 100               #提取分中包含的最多的 yuan
5   remaining_fen = remaining_fen %100        #提取 yuan 后剩余的分
6
7   jiao = remaining_fen // 10                #提取剩余分中包含的最多的 jiao
8   remaining_fen = remaining_fen %10         #提取 jiao 后剩余的分
9
10  fen = remaining_fen
11
12  print("{}分相当于{}元{}角{}分!".format(n, yuan, jiao, fen))
```

程序运行结果如下所示。

请输入一个整数,例如 3145,代表 3145 分钱:12345

12345 分相当于 123 元 4 角 5 分!

3.1.3 数值运算函数

函数是完成特定任务的一组语句的集合。Python 语言提供了一个内置函数库,我们已经用过了 input()、print()、eval()函数,使用这些内置函数不需要导入任何模块,直接调用即可。

对于数值类型的数据,内置函数库中也有处理这些数据的函数,如表 3-2 所示。

表 3-2　内置数值运算函数

函　　数	功　　能
abs(x)	返回 x 的绝对值
divmod(x, y)	返回元组(x//y, x%y)
max(x1, x2,…)	返回 x1, x2,…中的最大值
min(x1, x2,…)	返回 x1, x2,…中的最小值
pow(x, y)	返回 x 的 y 次方的值,等价于 x**y
round(x)	返回最接近 x 的整数,如果 x 与两个整数同等接近,则返回偶数
round(x, n)	返回 x 保留 n 位小数后的浮点数
sum(x1,x2,…)	返回 x1,x2,…的和

以下是使用这些内置函数的示例。

```
1   >>>abs(-3.14)
2   3.14
3   >>>divmod(10, 3)
4   (3, 1)
5   >>>max(3,3.14,2,-5)
6   3.14
7   >>>min(3,3.14,2,-5)
8   -5
9   >>>pow(2,-3)
10  0.125
11  >>>pow(0.2,3.3)
12  0.004936270901760079
13  >>>round(3.5)              #若与两个整数接近程度相同,则返回偶数
14  4
15  >>>round(-3.1)            #返回最接近的整数
16  -3
17  >>>round(3.14159,2)      #保留两位小数
18  3.14
19  >>>
```

对于数字类型的数据，Python 还提供了内置的类型转换函数，如表 3-3 所示。

表 3-3 内置类型转换函数

函 数	功 能
int(x)	将 x 转换为整数，x 可以是浮点数(不四舍五入)或者数字字符串
float(x)	将 x 转换为浮点数，x 可以是整数或者数字字符串
complex(re[,im])	返回一个复数，实部为 re，虚部为 im

例如：

```
1  >>>int(3.6)
2  3
3  >>>int('1234')
4  1234
5  >>>float(3)
6  3.0
7  >>>float("3")
8  3.0
9  >>>complex(3,-5)
10 (3-5j)
11 >>>int("345ab")                    #报错,参数字符串不是数字字符串,不能转换成整数
12 Traceback (most recent call last):
13   File "<pyshell#20>", line 1, in <module>
14     int('345ab')
15 ValueError: invalid literal for int() with base 10: '345ab'
```

3.2 字符串类型

字符串类型数据表示文本信息，例如昵称为"Tom"、学号为"201901234"、性别为"女"等。Python 中的字符串(str)类型数据是一串由字符组成的序列，可以包含字母字符、数字字符、汉字、特殊字符等。

3.2.1 字符串与字符串运算符

字符串是由一对单引号(')或者一对双引号(")括起来的字符序列。使用单引号时，双引号可以作为字符串的一部分；使用双引号时，单引号可以作为字符串的一部分。也可以用成对的 3 个单引号(''')或者成对的 3 个双引号(""")括起单行或者多行字符串。我们把这些成对的单引号、双引号以及成对的 3 个单引号、成对的 3 个双引号称为字符串的定界符。例如：

```
1  >>>type("Good")
2  <class 'str'>
```

```
3    >>>print('A')
4    A
5    >>>print('''I
6    love
7    China!''')                      #由成对的3个单引号括起来的多行字符组成的字符串
8    I
9    love
10   China!
11   >>>print("I'm a student. ")     #字符串中包括单引号,定界符就需要用双引号
12   I'm a student
13   >>>print("""I'm a student. """) #由成对的3个双引号括起来的字符组成的字符串
14   I'm a student
```

程序设计中经常会用到一些特殊字符,例如 print()方法中输出的字符串中间需要换行,换行符就是一个特殊的不可打印字符,这些特殊字符用转义字符表示。Python 字符串中可以包含转义字符,这些转义字符是由一个反斜杠(\)引导的,如'\n'代表换行,'\t'表示制表符,"\'"代表单引号,'\"'代表双引号,'\r'代表光标移到本行行首位置等。因为反斜杠(\)是转义字符的引导符号,所以字符串中用'\\'代表反斜杠本身。

例如:

```
1    >>>print("Python\\"+'\n'+"语言"+'\t'+"设计基础")
2    Python\
3    语言      设计基础
```

Python 提供了字符串的基本运算符,如表 3-4 所示。

表 3-4　字符串运算符

运算符	功　　能	示　　例
x + y	x 与 y 首尾连接	"Pyth" + "on"的结果为 "Python"
x * n	复制 n 次字符串,和 n * x 等价	"Py" * 3 的结果为 "PyPyPy"
x in s	x 是 s 的子串,返回 True,否则返回 False	"th" in "Python"的结果为 True
x not in s	x 不是 s 的子串,返回 True,否则返回 False	"th" not in "Python"的结果为 False

True 和 False 是 Python 的布尔类型常量,True 代表真,即成立;Flase 代表假,即不成立。本书将在 3.4 节中详细介绍这类数据类型。

3.2.2　字符串索引与切片

字符串是字符的有序序列,是 Python 组合数据类型中的一种序列类型(组合数据类型将在第 6 章详细介绍)。每个字符在字符串中都有自己的位置序号,称为索引。字符串有两种索引方式:正向从 0 递增索引和反向从-1 递减索引,如图 3-1 所示。

可以用 s[index]引用字符串中 index 索引位置的字符,例如:

图 3-1 字符串索引

```
1   >>>s = "Programming"
2   >>>s[0]
3   'P'
4   >>>s[-1]
5   'g'
6   >>>print(s[4],s[-7])
7   r r
```

注意：字符串是不可变的，不能像 s[2]＝'a'这样对某一索引位置进行赋值以改变字符串的内容，但是可以建立一个新的字符串对已存在的变量赋值，如对以上的 s 进行重新赋值，如下所示。

```
1   >>>s[2] = 'A'                    #出错
2   Traceback (most recent call last):
3     File "<pyshell#30>", line 1, in <module>
4       s[2]='A'
5   TypeError: 'str' object does not support item assignment
6   >>>s = s + '!'                   #用 s + '!'的结果对 s 重新赋值,这时 s 对象已经变成新的对象
7   >>>print(s)
8   Programming!
```

切片操作是 Python 序列的一种重要操作，字符串可以利用切片操作截取子字符串，语法如下。

```
s[M:N]
```

可以截取 s 字符串索引位置 M 到 N−1 的一个子串。例如：

```
1   >>>s = "Programming"
2   >>>s[1:4]
3   'rog'
```

M 或 N 是可以被省略的，如果 M 被省略，则起始索引为 0；如果 N 被省略，则结束索引为最后的位置；如果两个都省略，则返回字符串本身。例如：

```
1   >>>s = "Programming"
2   >>>s[:4]
3   'Prog'
4   >>>s[8:]
```

```
5    'ing'
6    >>>s[:]
7    'Programming'
```

M 和 N 既可以同时用正索引或者负索引,也可以两者混用。例如:

```
1    >>>s = "Programming"
2    >>>s[-3:]
3    'ing'
4    >>>s[-3:-1]
5    'in'
6    >>>s[8:-1]
7    'in'
```

切片操作还有以下的用法。

```
s[M:N:step]
```

这种切片从 s 字符串索引 M 到 N−1,每 step 个字符提取一个以构成子串。如果 step 是正值,则从左向右提取;如果 step 是负值,则从右向左提取。

例如:

```
1    >>>s = "Programming"
2    >>>s[::2]              #从第 0 个开始,每两个字符取一个,也就是取偶数索引位的字符
3    'Pormig'
4    >>>s[1::2]            #从第 1 个开始,每两个字符取一个,也就是取奇数索引位的字符
5    'rgamn'
6    >>>s[::-1]            #step 为 -1,将字符串从右到左每个字符取一个,
7                         #所以实现的是字符串从头到尾的翻转
8    'gnimmargorP'
```

3.2.3 字符串的遍历操作

在 Python 中,可以用 for 循环实现对字符串中的所有字符进行顺序遍历操作。例如,以下代码可以显示输出字符串 s 中的所有字符,这个 for 循环在没有使用索引的情况下也方便地访问了所有字符,并在每个字符的后面加了一个空格之后同行输出。

```
1    >>>s=" Python"
2    >>>for ch in s :
3        print(ch,end=" ")          #print()方法的 end 参数可以实现不换行输出
4            #end=" "为输出的 ch 值后面加上" ",并且输出结束后不换行
5    P y t h o n
```

如果想用更灵活的方式遍历字符串中的部分字符,则需要借助索引进行访问。例如,下列代码就实现了在字符串中每隔一个字符取一个字符并输出显示的功能。

```
1  >>>s = "Python"
2  >>>for i in range(0, len(s), 2):
3     print(s[i],end = " ")
4
5  P t o
```

代码第 2 行中的 len()方法可以返回 s 的长度，range(0，len(s)，2)函数在 0～6(达不到 6)每 2 个数取一个，所以返回 0、2、4 这三个数字，i 即在这三个数字中遍历，依次取到 s[0]、s[2]、s[4]并显示输出。遍历循环和 range()函数将在第 4 章详细介绍。

3.2.4　字符串处理函数

Python 提供了处理字符串的内置函数，如表 3-5 所示。

表 3-5　内置字符串函数

函数	功　　能	示　　例
ord(s)	返回单个字符 s 对应的 Unicode 编码值对应的十进制	ord('a')结果为 97；ord('中')结果为 20013
chr(n)	返回 Unicode 编码值 n(十进制)对应的单个字符	chr(97)结果为'a'；chr(20013)结果为'中'
str(x)	返回数值 x 对应的字符串形式	str(1.23)结果为'1.23'
len(s)	返回字符串 s 的长度，即包含字符的个数	len('I love 中国！')结果为 10

字符在计算机内部是用二进制存储的，这种字符和二进制之间的映射关系被称为字符编码。编码方式有很多，英文字符最通用的编码方式是 ASCII(美国信息交换标准代码)编码，它用 7 位二进制对 128 个英文字符进行编码，每个字符和对应的 ASCII 码值形成一个 ASCII 编码表。有关 ASCII 编码表，读者可以查阅相关资料。

Python 3 支持字符的 Unicode 编码。Unicode 编码把所有语言文字都统一到了一套编码表中，也称为统一码。一个 Unicode 编码值可以以"\u"开始，用 4 位十六进制数字表示，范围从"\u0000"到"\uFFFF"。ASCII 编码表只能表示英文字符，它是 Unicode 编码表的一个子集。例如，a 的 ASCII 编码和 Unicode 编码对应的十进制都是 97。例如：

```
1  >>>print("\u4E2D\u56FD")          #十六进制编码 4E2D 对应的字符为"中"
2  中国
3  >>>print("\u0061")               #十六进制编码 0061 相当于十进制的 97,对应的字符为"a"
4  a
```

3.2.5　字符串对象

在 Python 中，所有数据实际上都是对象。一个数字、一个字符串都是一个对象，不同的数字是不同的数字类型对象，不同的字符串是不同的字符串类型对象。

在程序运行时,系统会自动给每个对象分配一个独特的整数,这个整数类似对象的唯一代号 id,在程序运行过程中不会改变。但是每次程序运行时,系统都会重新分配 id。我们可以用 id()函数返回这个整数,也可以用 type()函数返回对象的类型。

Python 中的变量实际上是一个对象的引用,如 n=3,严格来说,运行这条语句时系统会创建一个 int 类型的对象 3,n 实际上是一个引用这个 int 类型对象 3 的变量。通常可以简化描述为:n 是一个值为 3 的整型变量。

例如:

```
1  >>>n = 3              #为 3 创建一个 int 型对象,n 为引用这个对象的变量
2  >>>id(3)              #对象 3 的 id 值
3  1405142768
4  >>>id(n)              #变量 n 是对于对象 3 的引用,所以 n 的 id 值就是 3 的 id 值
5  1405142768
6  >>>type(n)            #对象的类型是 int 型
7  <class 'int'>
8  >>>s = "Python"       #为"Python"创建一个 str 类型的对象,s 为引用这个对象的变量
9  >>>id(s)              #对象"Python"的 id 值
10 2135079873144
11 >>>type(s)            #对象的类型是 str 型
12 <class 'str'>
```

在 Python 中,对象的类型是由对象的类(class)决定的,class 是 Python 面向对象编程中的术语,将在第 8 章进行介绍。

特定类型的对象上有特定的操作,这些操作被称为对象的方法,是由函数定义的。可以调用这些方法以操作对象,调用格式为

对象.方法名(参数)

例如,字符串类型对象有 upper()方法和 lower()方法,下列代码便调用了这些方法。

```
1  >>>s="Python"
2  >>>s.upper()          #把 s 中的所有字母转换成大写,返回这个新的大写字符串
3  'PYTHON'
4  >>>s.lower()          #把 s 中的所有字母转换成小写,返回这个新的小写字符串
5  'python'
6  >>>s                  #对象 s 本身不变
7  'Python'
```

3.2.6 字符串处理方法

Python 字符串类型除了以上两个方法,还有以下一些常用方法。

1. 判断字符串中的字符

如表 3-6 所示,这些字符串类型的方法可以判断字符串的大小写、是否是数字字符

串、是否是空格字符串、是否是字母字符串等。

表 3-6 字符串对象的方法表（1）

方法	功能	示例
islower()	若字符串中所有字符都是小写，则返回 True，否则返回 False	"Python".islower()结果为 False "python".islower()结果为 True
isupper()	若字符串中所有字符都是大写，则返回 True，否则返回 False	"Python".isupper()结果为 False "PYTHON".isupper()结果为 True
isdigit()	若字符串中所有字符都是数字，则返回 True，否则返回 False	"123".isdigit()结果为 True "P123".isdigit()结果为 False
isspace()	若字符串中所有字符都是空格，则返回 True，否则返回 False	" ".isspace()结果为 True " 1 2 3 ".isspace()结果为 False
isalpha()	若字符串中所有字符都是字母，则返回 True，否则返回 False	"aba".isalpha()结果为 True "ab123".isalpha()结果为 False

2. 搜索和处理字符串子串

搜索和处理字符串子串的方法如表 3-7 所示。

表 3-7 字符串对象的方法表（2）

方法	功能
endswith(s0[,start[,end]])	判断字符串[start：end]切片部分是否以 s0 结尾，如果没有指定 start 和 end，则在整个字符串中判断；如果只指定 start 而没有指定 end，则从字符串 start 位置开始到字符串结束的部分进行判断
startswith(s0[,start[,end]])	判断字符串[start：end]切片部分是否以 s0 开始，如果没有指定 start 和 end，则在整个字符串中判断；如果只指定 start 而没有指定 end，则从字符串 start 位置开始到字符串结束的部分进行判断
find(s0)	返回 s0 在字符串中第一次出现的索引位置，如果不存在 s0，则返回 -1
rfind(s0)	返回 s0 在字符串中最后一次出现的索引位置，如果不存在 s0，则返回 -1
count(s0)	返回 s0 在字符串中出现的次数，如果不存在 s0，则返回 0
replace(old,new[,count])	返回字符串中所有 old 子串全部替换为 new 子串之后形成的新字符串，如果找不到 old 子串，则返回原字符串。如果指定 count，则前 count 个 old 子串被替换

以下是调用这些方法操作字符串的一些示例。

```
1  >>>s = "Python Programming"
2  >>>s.endswith('on')
3  False
4  >>>s.endswith('on',0,6)      #在 s[0:6]中判断是否以'on'结尾
5  True
6  >>>s.find('o')               #'o'在 s 中出现的第一个位置的正向索引值 4
```

```
7    4
8    >>>s.rfind('o')                #'o'在 s 中出现的最后一个位置的正向索引值 9
9    9
10   >>>s.find('p')                 #在 s 中找不到'p'
11   -1
12   >>>s1 = s.replace('o','O')     #将 s 中的'o'全部替换成'O',返回一个新字符串对象并赋给 s1
13   >>>s
14   'Python Programming'
15   >>>s1
16   'PythOn PrOgramming'
```

3. 删除字符串两端的空白字符

删除字符串两端空白字符的方法如表 3-8 所示。

表 3-8　字符串对象的方法表(3)

方　　法	功　　能
lstrip()	返回删除字符串左端空白字符的新字符串
rstrip()	返回删除字符串右端空白字符的新字符串
strip()	返回删除字符串两端空白字符的新字符串

空格字符' '、'\t'、'\n'都是这里所说的空白字符,而且这几个方法只能删除左右两端的空白字符,对字符串内部的空白字符没有作用。以下是调用这些方法操作字符串的一些示例。

```
1    >>>s = '  Python Programming\n  '
2    >>>s1 = s.lstrip()             #删除 s 左端的空白字符,返回一个新的字符串并赋给 s1
3    >>>s1
4    'Python Programming\n  '
5    >>>s2 = s1.rstrip()            #删除 s1 右端的空白字符,返回一个新的字符串并赋给 s2
6    >>>s2
7    'Python Programming'
8    >>>s3 = s.strip()             #删除 s 两端的空白字符,返回一个新的字符串并赋给 s3
9    >>>s3
10   'Python Programming'
```

4. 格式化字符串

格式化字符串的方法如表 3-9 所示。

表 3-9　字符串对象的方法表(4)

方　　法	功　　能
center(width[,char])	返回长度为 width 的字符串,调用该方法的字符串位于新字符串的中心位置,两端新增位置用 char 填充,不指定 char 则用空格填充

方　　法	功　　能
ljust(width[,char])	返回长度为 width 的字符串,调用该方法的字符串位于新字符串的最左端,后面新增位置用 char 填充,不指定 char 则用空格填充
rjust(width[,char])	返回长度为 width 的字符串,调用该方法的字符串位于新字符串的最右端,前面新增位置用 char 填充,不指定 char 则用空格填充
format()	返回字符串的特定格式化结果,详见 3.2.7 节的讲解

以下是调用这些方法操作字符串的一些示例。

```
1    >>>s = "Python"
2    >>>s1 = s.center(20)
3    >>>s1
4    '       Python       '
5    >>>s2 = s.center(20,'*')
6    >>>s2
7    '*******Python*******'
8    >>>s3 = s.ljust(20,'*')
9    >>>s3
10   'Python**************'
11   >>>s4 = s.rjust(20)
12   >>>s4
13   '              Python'
```

5. 其他常用的字符串类型方法

字符串类型的 split([sep])方法可以用字符串中的 sep 作为分隔符,将字符串分隔为多个子字符串,每个子字符串作为一个元素形成一个列表对象。如果没有指定 sep,则以空格作为分隔符。列表是一种组合数据类型,将在后续章节中详细讲解。例如:

```
1    >>>s = input("请输入 3 个字符串,每个字符串以空格作为分隔:")
2    请输入 3 个字符串,每个字符串以空格作为分隔:Tom Amy Billy
3    >>>s
4    'Tom Amy Billy'
5    >>>s.split()            #字符串以空格作为分隔被分成了 3 个字符串,组成了一个列表
6    ['Tom', 'Amy', 'Billy']
```

字符串类型的 join(seq)方法可以将组合数据类型对象 seq 中的每个元素用字符串连接起来,形成一个新的字符串对象。这个组合数据对象也可以是字符串,例如:

```
1    >>>s='124'
2    >>>'-'.join(s)          #用'-'将字符串中的每个字符连接起来,返回一个新的字符串对象
3    '1-2-4'
```

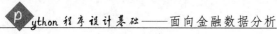

【例 3.2】 接收用户输入的一行字符串,统计出其中字母、数字以及空格的个数。

```
1    c,n,b = 0,0,0                        #c统计字母个数,n统计数字个数,b统计空格个数
2    strs = input("请随意输入一行字符:")
3
4    for s in strs:
5        if s.isdigit() :
6            n += 1
7        if s.isalpha():
8            c += 1
9        if s.isspace():
10           b += 1
11   print("这行字符串里包含{0}个字母,{1}个数字,{2}个空格".format(c, n, b))
```

程序运行结果如下。

```
请随意输入一行字符:1kasjf837dkdf8 b  sd8f83d
这行字符串里包含15个字母,7个数字,3个空格
```

注意:因为字符串是不可变对象,所以以上各表中的字符串对象方法均不改变原字符串对象的值,而是返回一个新的字符串。

3.2.7 字符串格式化

字符串对象的 format()方法功能强大,可以输出格式化的字符串,使用起来非常灵活,既可以将数值型数据处理成格式化的字符串,也可以将字符串进行格式化输出。format()方法的基本格式为

```
<模式字符串>.format(参数列表)
```

例如以下代码。

```
1    >>>interest = 333.33333333333337
2    >>>print("本月应付利息为:{:.2f}".format(interest))
3    本月应付利息为:333.33
```

代码中的""本月应付利息为:{:.2f}""就是模式字符串,模式字符串除了要输出字符串内容之外,最重要的就是其中的花括号部分,这部分是为 format()方法的参数占位使用的。运行 format()方法时,参数列表中参数的值按参数位置关系替换模式字符串中的相应"{}"部分,同时按照"{}"中的格式规定对参数的值进行格式化。"{}"的内部样式为

```
{<参数位置序号>:<格式规定标记>}
```

语句"print("本月应付利息为:{:.2f}".format(interest))"中,""本月应付利息为:{:.2f}""为模式字符串,其中{:.2f}部分<参数位置序号>被省略了,因为之后的 format()方法的参数只有一个 interest,所以<参数位置序号>省略即对应着 interest,<格式规定标

记>是.2f,代表浮点型取 2 位小数,按这个格式规定将 interest 值格式化为 333.33,并用这个格式化结果替换模式字符串中的相应"{}"部分,所以最后的 print()输出为

```
本月应付利息为:333.33
```

将以上 print 语句修改成以下形式,进一步观察 format()方法的使用。

```
1  >>>n = 5
2  >>>interest = 333.33333333333337
3  >>>print("{0}月应付利息为:{1:.2f}".format(n, interest))
4  5 月应付利息为:333.33
5  >>>print("{}月应付利息为:{:.2f}".format(n, interest))
6  5 月应付利息为:333.33
7  >>>print("{1}月应付利息为:{0:.2f}".format(interest,n))
8  5 月应付利息为:333.33
```

第 3 行语句中的 format()增加了一个参数 n,n 是 format()的第 0 个位置的参数,对应模式字符串中的"{0}";interest 是 format()的第 1 个位置的参数,对应"{1:.2f}"。其中,"{}"中的 0、1 就是<参数位置序号>。n 对应的"{0}"中没有规定任何格式,所以省略了冒号(:),并原样输出了 n。

第 5 行语句将"{}"中的 0、1 均省略,这时按照参数顺序依次进行替换,n 对应"{}",interest 对应"{:.2f}",所以输出效果相同。

第 7 行语句将 format()方法的两个参数交换了位置,输出效果依然相同,这是因为<参数位置序号>也进行了相应调整,这时"{1}"对应的是参数 n,"{0:.2f}"对应的是参数 interest。

format()方法的<格式规定标记>有表 3-10 所示的一些选项。

表 3-10　format()方法的格式规定标记

标　　记	功　　能
<填充>	用于填充的单个字符
<对齐>	<代表左对齐
	>代表右对齐
	^代表居中对齐
<宽度>	整数值,代表输出宽度
<精度>	字符串的最大输出长度或者浮点数小数部分的精度
<数据类型>	b,d,o,x 分别代表整数的二、十、八、十六进制形式
	c 代表整数的 Unicode 字符
	e,E 代表浮点数的科学记数法形式
	f 是标准浮点数
	%代表浮点数的百分数形式

以上所有选项都是可选的,不同组的标记也可以自由组合。表 3-11 给出了一些使用实例。注意：输出是字符串形式。

表 3-11　format()方法的使用实例

变　量	格　式　化	输　　出	描　　述
x = 3.1415926	'{:.0f}'.format(x)	'3'	输出不带小数位
x = 3.1415926	'{:.2f}'.format(x)	'3.14'	保留小数点后两位
x = 3.1415926	'{:+.2f}'.format(x)	'+3.14'	带符号保留小数点后两位
x = 3	'{:0>2d}'.format(x)	'03'	数字左填充 0,长度为 2
x = 3	'{:0<4d}'.format(x)	'3000'	数字右填充 0,长度为 4
x = 1000000	'{:,}'.format(x)	'1,000,000'	用逗号分隔的数字格式
x = 0.25	'{:.2%}'.format(x)	'25.00'	百分比格式
x = 3	'{:>5d}'.format(x)	' 3'	右对齐,长度为 5,用空格补充
x = 3	'{:<5d}'.format(x)	'3 '	左对齐,长度为 5,用空格补充
x = 3	'{:^5d}'.format(x)	' 3 '	居中对齐,长度为 5,用空格补充
x = 11	'{:b}'.format(x) '{:d}'.format(x) '{:o}'.format(x) '{:x}'.format(x) '{:#x}'.format(x) '{:#X}'.format(x)	'1011' '11' '13' 'b' '0xb' '0Xb'	依格式返回不同进制的值。b 为二进制,d 为十进制,o 为八进制,x 为十六进制

3.3　布尔型数据

前面已经提到过 Python 的布尔型数据也称逻辑型数据,即 bool 型。布尔型常量只有两个取值：True 和 False,分别表示真和假。在计算机内部,Python 使用 1 表示 True,使用 0 表示 False。

3.3.1　布尔型常量

布尔型常量与整型之间是可以相互转换的,int(True)的值为 1,int(False)的值为 0。

也可以将数值转换为布尔型,这时遵循非 0 即真的原则,bool(0)的值为 False,其余的数值转换为布尔值后都是 True。

3.3.2　比较运算符

比较数值大小是数值类型数据的重要操作,Python 提供了比较运算符(也称关系运算符),比较运算的结果是布尔值,如表 3-12 所示。

表 3-12　比较运算符

运算符	功　能	示　例
<	小于	3 < 5 的结果为 True
<=	小于或等于	3 <= 5 的结果为 True
>	大于	3 > 5 的结果为 False
>=	大于或等于	3 >= 5 的结果为 False
==	等于	3 == 5 的结果为 False
!=	不等于	3 != 5 的结果为 True

比较相等在 Python 中是两个等号(==),单个等号(=)是赋值号。

注意:因为对于浮点数无法进行高精度运算,所以应当避免对浮点数之间直接进行相等比较,而以两个浮点数之差的绝对值足够小作为依据判断两个浮点数是否相等。例如:

```
1  >>>0.4+0.3
2  0.7
3  >>>0.4-0.3                        #两个浮点数相减
4  0.10000000000000003
5  >>>0.4-0.3==0.1                   #直接比较两个浮点数是否相等
6  False
7  >>>abs((0.4-0.3)-0.1)<1e-8        #如果两个浮点数之差的绝对值足够小,则认为它们相等
8  True
```

字符型数据也可以进行比较运算。当两个字符相比较时,从最左端开始逐对字符进行比较,如果此对字符相等,则右移一对继续比较,直到比较出第一对不同的字符,它们的大小决定了两个字符串的大小,后面的字符则不再比较。单个字符之间的比较是比较它们的 Unicode 编码值的大小。例如:

```
1  >>>"abc"<"abdef"     #第 3 对字符'c'和'd'的大小决定了两个字符串的大小
2  True
3  >>>"abc"<"abcde"
4                       #如果一个字符串与另一个字符串的左端字符相同,则长字符串比较大
5  True
6  >>>"中"<"船"          #汉字比较也采用相同的规则
7  True
8  >>>ord("中")          #"中"的 Unicode 码值
9  20013
10 >>>ord("船")          #"船"的 Unicode 码值
11 33337
```

3.3.3　逻辑运算符

布尔值可以进行逻辑运算,Python 的逻辑运算符有 and、or、not,分别代表逻辑与、逻

辑或、逻辑非,它们通常用来连接比较表达式或者逻辑表达式,以构成更复杂的逻辑表达式。表 3-13、表 3-14、表 3-15 分别是逻辑与、逻辑或和逻辑非的运算真值表。

表 3-13	and 运算的真值表	
x	y	x and y
True	True	True
True	False	False
False	True	False
False	False	False

表 3-14	or 运算的真值表	
x	y	x or y
True	True	True
True	False	True
False	True	True
False	False	False

表 3-15	not 运算的真值表
x	not x
True	False
False	True

例如:

```
1  >>>n = 2001
2  >>>print(n % 4 ==0 or n %3 !=0)        #如果 n 能被 4 整除或者不能被 3 整除,则结果为 True
3  False
4  >>>print(n % 4 ==0 and n %3 !=0)       #如果 n 能被 4 整除同时不能被 3 整除,则结果为 True
5  False
6  >>>print(not 0)                         #0 代表 False,not 0 取反得 True
7  True
8  >>>print(not True)                      #not True,对 True 取反得 False
9  False
```

比较运算符和逻辑运算符是构成条件表达式的重要组成部分。在程序的选择结构和循环结构中,条件表达式又是必不可少的。这两种结构将在第 4 章详细讲解。首先看两个运用比较运算符和逻辑运算符组成条件表达式的简单例题。

【例 3.3】 用以下方法实现例 3.2 的要求,其中用到了字符之间的比较运算以及逻辑运算。

```
1   c,n,b = 0,0,0                         #c 存储字符个数,n 存储数字个数,b 存储空格个数
2   strs = input("请随意输入一行字符:")
3
4   for s in strs:
5       if 'a' <=s <='z' or 'A' <=s <='Z':   #如果 s 是大写字母或者小写字母
6           c += 1
7       if '0' <=s <='9':                    #如果 s 是数字字符
8           n += 1
9       if ' ' ==s:                          #如果 s 是空格
10          b += 1
11  print("这行字符串里包含{0}个字母,{1}个数字,{2}个空格".format(c, n, b))
```

【例 3.4】 判定闰年:如果一个年份能被 4 整除但不能被 100 整除,或者这个年份能被 400 整除,则这个年份就是闰年。

用 year 变量存储年份,判断能被 4 整除就可以写成表达式:$year \% 4 == 0$。

判断不能被 100 整除可以写成表达式:$year \% 100 != 0$。

判断能被 400 整除可以写成表达式：year % 400 == 0。

组合成判断条件即：(year % 4 == 0 and year % 100 != 0) or (year % 400 == 0)。

代码如下：

```
1    year = eval(input("请输入年份: "))
2    #定义一个闰年标志变量
3    isLeapYear = (year % 4 ==0 and year %100 !=0) or (year %400 ==0)
4
5    if isLeapYear:                          #如果 isLeapYear 为 True,则为闰年,否则不是闰年
6        print(year, "年是闰年")
7    else:
8        print(year, "年不是闰年")
```

如果用户输入 2021,则程序运行结果为

```
请输入年份: 2021
2021 年不是闰年
```

如果用户输入 2020,则程序运行结果为

```
请输入年份: 2020
2020 年是闰年
```

3.4 运算符的优先级

Python 表达式中的各种运算符是有运算顺序的,这种运算的先后顺序被称为运算的优先级。Python 中的各种运算符的优先级如表 3-16 所示。表 3-16 中的运算符从上到下的优先级逐级降低,同行中的运算符优先级相同。

表 3-16　运算符优先级

优 先 级	运 算 符
	**
	+、-（正负号）
	not
	*、/、//、%
	+、-（加、减运算）
	<、<=、>、>=
	==、!=
	and
	or

计算一个表达式时总是先运算优先级较高的运算符,如果运算符的优先级相同,则按照从左至右的顺序依次进行运算。表达式的运算顺序可以用括号改变。

例如,表达式 x > 0 or x < 10 and y < 0 按照优先级的顺序,它和表达式 x > 0 or (x < 10 and y < 0)的运算结果是一样的。在组织表达式时,一定要熟悉各种运算符的优先级。

3.5 math 库和 random 库的使用

3.5.1 math 库的使用

math 库是 Python 数学计算的标准函数库,它提供了 44 个针对整数和浮点数的数学操作函数,不支持复数类型。同时,math 库还定义了 4 个数字常量,其中,math.pi 为圆周率,math.e 为自然对数。表 3-17 列出了 math 库中的一部分用于数值计算的函数和三角函数。

表 3-17 math 库的部分函数

函　数	功　能	示　例
fabs(x)	返回 x 的绝对值	math.fabs(−2)的结果为 2.0
fmod(x,y)	返回 x 和 y 的模	math.fmod(10,3)的结果为 1.0
ceil(x)	返回不小于 x 的最小整数	math.ceil(3.1415)的结果为 4
floor(x)	返回不大于 x 的最大整数	math.floor(−3.1415)的结果为−4
fsum([x1,x2,…])	返回 x1,x2,…浮点数精确求和的结果	math.fsum([0.1,0.2,0.3])的结果为 0.6
factorial(x)	返回 x 的阶乘值,x 是大于或等于 0 的整数	math.factorial(5)的结果为 120
gcd(x,y)	返回 x 和 y 的最大公约数,x,y 都是整数	math.gcd(35,90)的结果为 5
sqrt(x)	返回 x 的平方根,x 大于或等于 0	math.sqrt(16)的结果为 4.0
pow(x,y)	返回 x 的 y 次幂	math.pow(2,3)的结果为 8.0
sin(x)	返回 x 的正弦值,x 为弧度值	math.sin(math.pi/2)的结果为 1.0
cos(x)	返回 x 的余弦值,x 为弧度值	math.cos(math.pi)的结果为−1.0
tan(x)	返回 x 的正切值,x 为弧度值	math.tan(0)的结果为 0
degrees(x)	将 x 从弧度值转换为角度值	math.degrees(math.pi)的结果为 180.0
radians(x)	将 x 从角度值转换为弧度值	math.radians(90)的结果为 1.57

【例 3.5】 根据以下公式,用 math 模块中的相关函数和常量编写程序,提示用户输入边数和正多边形的边长,然后用下列公式(n 为边数,s 为边长)计算并显示该多边形的面积。

$$\text{area} = \frac{5 \times s^2}{4 \times \tan\left(\dfrac{\pi}{5}\right)}$$

```
1   import math
2
3   side = eval(input("请输入边长:"))
4   n = eval(input("请输入边数:"))
5
6   area = 5 * side * side / math.tan(math.pi / n) / 4
7   print("正多边形面积是:{:.2f}".format(area))
```

如果输入边长为 5,边数为 5,程序的运行结果为

```
请输入边长：5
请输入边数:5
正多边形面积是：43.01
```

3.5.2　random 库的使用

随机数在计算机应用中很常见,random 库是 Python 产生随机数序列的标准库,它提供了各种随机数生成函数,如表 3-18 所示。

表 3-18　random 库的随机数生成函数

函　　数	功　　能
random()	生成一个[0.0,1.0]之间的随机浮点数
randint(m,n)	生成一个[m,n]之间的随机整数
randrange(m,n[,step])	生成一个[m,n)之间指定递增基数集合中的一个随机整数,递增基数为 step 的值,默认为 1
uniform(m,n)	生成一个[m,n]之间的随机浮点数
choice(seq)	随机返回 seq 序列中的一个元素
shuffle(seq)	将 seq 序列中的元素随机排列
sample(seq,n)	随机返回 seq 序列中的 n 个元素,组成列表

下面是一些 random 库的使用示例。

```
1   >>>import random
2   >>>random.random()
3   0.6056195146446509
4   >>>random.random()
5   0.1335996425104775
6   >>>random.randrange(10,20)        #在[10,20]之间返回随机整数
7   15
```

```
8   >>>random.randrange(10, 20, 3)
9                               #在[10,20]之间从10开始递增不超过20的整数,随机返回一个数
10  19
11  >>>random. uniform(10, 100)
12  56.56959327571098
13  >>>s = [1,2,3,4]            #s为一个列表对象
14  >>>random. shuffle(s)      #打乱s元素的顺序
15  >>>s
16  [4, 1, 2, 3]
17  >>>random. sample(s, 3)    #在s中随机挑选3个元素
18  [1, 4, 2]
19  >>>random.sample("abcdefg", 2)  #在字符串中随机挑选2个字符组成一个列表
20  ['c', 'f']
```

【例 3.6】 模拟简单的对战场景。

在简单的游戏对战场景中设置两个玩家:玩家 A 与玩家 B,用随机函数生成玩家的初始生命值和攻击力值,并模拟一次相互攻击。被攻击的一方生命值减少,减少的幅度为攻击方的攻击力值。

```
1   import time, random
2   #用随机函数生成两个玩家的生命值和攻击力
3   playerA_life = random.randint(100,200)
4   playerA_attack = random.randint(30,50)
5   playerB_life = random.randint(100,200)
6   playerB_attack = random.randint(30,50)
7
8   print('【玩家A】\t 生命值:{0:>5}\t 攻击力:\
9       {1:>5}'.format(playerA_life,playerA_attack))
10  print('【玩家B】\t 生命值:{0:>5}\t 攻击力:\
11      {1:>5}'.format(playerB_life,playerB_attack))
12  print('----------------------------------------------')
13  time.sleep(1)               #标准库 time 库的 sleep(n)方法可以使程序暂停运行 n 秒
14
15  #模拟一次攻击
16  playerA_life = playerA_life - playerB_attack
17  playerB_life = playerB_life - playerA_attack
18  print('【玩家A】发起了攻击,【玩家B】剩余生命值'+str(playerB_life))
19  print('【玩家B】发起了攻击,【玩家A】剩余生命值'+str(playerA_life))
```

程序运行结果如下。

```
【玩家 A】   生命值: 108   攻击力:  45
【玩家 B】   生命值: 196   攻击力:  39
---------------------------------
【玩家 A】发起了攻击,【玩家 B】剩余生命值151
【玩家 B】发起了攻击,【玩家 A】剩余生命值69
```

本 章 小 结

　　本章介绍了 Python 基本数据类型,包括数字类型及数值运算符、内置数值运算函数;字符串类型及字符串运算符、内置字符串操作函数、字符串对象的方法;布尔类型及比较运算、逻辑运算。同时,介绍了常用的 Python 标准库:用于数学计算的 math 库和产生随机序列的 random 库。

本 章 习 题

3.1　将下列数学表达式写成合法的 Python 表达式。

(1) $\dfrac{3.25 \times 4 - 5.17 \div 2}{40 - 2.25}$

(2) $9 \times \left(\dfrac{a}{5} - \dfrac{b}{(a-5)^2} \right)$

(3) $\dfrac{-b \pm \sqrt{b^2 - 4ac}}{2a}$

(4) $\dfrac{(2^4 + 7 - 3 \times 4)}{5}$

3.2　以下表达式的结果是什么?

(1) abs(-5.5)　　　　　　(2) type(10/2.5)　　　　　(3) math.ceil(5.25)

(4) math.floor(-5.2)　　　(5) round(3.51)　　　　　(6) round(2.5)

(7) round(3.1415,3)　　　　(8) min(3,4,7,1)　　　　(9) max(3,4,7,1)

(10) pow(2,3)　　　　　　(11) math.sqrt(0.25)　　　(12) 25 / (2+3)

(13) $-$ (25 // 2)　　　　　(14) 2**3 % 2　　　　　(15) math.fabs(-2.5)

(16) math.sqrt(math.pow(2,4))　　　(17) math.sin(0)

(18) math.cos(2 * math.pi))　　　　(19) math.gcd(12,9)

3.3　假设 s = "Hello! Python!",以下索引或者切片的结果是什么?

(1) s[0]　　(2) s[5]　　(3) s[-1]　　(4) s[3:5]　　(5) s[:7]　　(6) s[3:-3]

(7) s[::-1]　　(8) s[::2]　　(9) s[1:5:2]　　(10) s[7:]　　(11) s[:]

3.4　假设 s = "Hello!Python!",以下表达式的结果是什么?

(1) s.lower()　　　(2) s.upper()　　　(3) s.replace('!', '~')　　　(4) s.count('o')

(5) s.split('!')　　　　(6) s[0].islower()　　　　(7) s[0].isupper()

(8) s[0].isalpha()　　　(9) s[0].isdigit()　　　(10) s[6].isspace()

(11) s.endswith('on')　　(12) s.find('o')　　　(13) s.rfind('o')

(14) s.startswith('P',6)　(15) s + "Python!"　　(16) s * 3

(17) "Python" in s　　　(18) s > "Hello"　　　(19) s > "hello"

3.5　写出下列语句的输出结果,假设 s = "等级考试"。

(1) "{:10}".format(s)　　(2) "{:1}".format(s)　　　(3) "{: ^10}".format(s)

(4) "{:>10}".format(s)　(5) "{:.2f}".format(123.456)

(6) "{:>10.2f}".format(123.456)

(7) "{0:.2e},{0:.2E},{0:.2%}".format(3.1415926)

(8) "{0:b},{0:d},{0:o},{0:x}".format(255)

3.6　写出满足以下条件的条件表达式。

(1) PM 变量的值在 35～75 之间,包括 35 和 75。

(2) PM 变量的值大于或等于 75 或者小于或等于 35。

(3) PM 变量的值能被 3 或 5 整除。

(4) PM 变量的值能同时被 3 和 5 整除。

(5) PM 变量的值能被 3 整除但不能被 5 整除。

(6) PM 变量的值在[0,7,2,18,25,78]中。

(7) PM 变量的值不在[0,7,2,18,25,78]中。

(8) PM 变量的值能被 4 或 100 整除但不能被 400 整除。

(9) PM 变量的值等于 400。

3.7　写出产生以下随机数的 ramdom 方法。

(1) 随机生成[0,100]的一个整数。

(2) 随机生成[0,100)的一个整数。

(3) 随机生成[0,100)内的一个奇数。

(4) 随机生成[0.0,1.0)的一个小数。

(5) 随机生成[0,100]的一个小数。

(6) 从字符串'abcdefghij'中随机选取 4 个字符。

3.8　程序设计:提示用户输入三角形的 3 条边长,用下列公式计算并输出三角形的面积。

$$s = [(s1 + s2 + s3)]/2$$
$$area = \sqrt{s(s - s1)(s - s2)(s - s3)}$$

3.9　程序设计:如果一个 3 位数等于该数的各位数字的三次方之和,则称该数为水仙花数。随机生成一个 3 位数,判断该数是否是水仙花数。

3.10　程序设计:提示用户输入秒数,将秒数转换成时、分、秒的表示形式并输出,运行结果类似如下。

请输入一个整数,例如 3145,代表 3145 秒:5678
5678 秒相当于 1 小时 34 分 38 秒!。

3.11　程序设计:提示用户输入初始存款额、存款年利率和年数,输出显示最终金额。

最终金额＝初始存款额×(1＋存款年利率)^{年数}

3.12　程序设计:根据用户输入的体重(kg)和身高(m)的值计算用户的身体质量指数(BMI,)计算公式为:BMI＝体重/身高^2;并判断其是否为标准体重,如果 BMI 为 18.5～23.9,则为标准体重。

3.13　程序设计:编程实现逆序字符串的输出,提示用户输入任意一个字符串,然后显示其逆序字符串(如果输入字符串"abcd",则输出字符串"dcba")。

3.14 程序设计：提示用户输入一个字符串,将字符串中的每个字符一行一个地按顺序输出,类似图 3-2 所示的输出形式。

图 3-2 习题 3.14 输出示意

3.15 程序设计：提示用户输入一个字符串和一个想要从中去除的字符,输出去除所有该字符后的新字符串。

3.16 程序设计：提示用户输入两个字符串,将其进行比较并输出较小的字符串,要求只能使用单字符比较操作。

第 4 章

程序流程控制结构

面向过程的程序设计又称结构化的程序设计,它是程序设计的基础。结构化程序设计的特点是:程序必须告诉计算机具体应当"怎么做",也就是要给出计算机全部操作的具体步骤。如何设计这些步骤并保证其正确性和高效性,这是算法应该解决的问题。

4.1 算　　法

算法是对解决特定问题的求解步骤的描述,在计算机中表现为指令的有限序列的集合。

4.1.1 算法的概念

计算机算法可分为两大类:数值算法和非数值算法。数值算法是指使用计算机求解数学问题的近似解的方法与过程,如求矩形的面积、方程的根等。非数值算法则包含更广泛的领域,如数据处理、事务管理、资料检索等。

算法有以下 5 个重要特征。

① 有穷性:对任何合法的输入值,算法必须在执行有穷步之后结束,且每一步都可在有限时间内完成。

② 确切性:算法的每一步都必须有确切的定义,不会产生二义性,即对于相同的输入只能得到相同的输出。

③ 输入:一个算法有零个或多个输入,以刻画运算对象的初始情况。零个输入是指算法本身设定了初始条件。

④ 输出:一个算法有一个或多个输出,以反映对输入数据进行加工后的结果。没有输出的算法是毫无意义的。

⑤ 可行性:算法中执行的任何计算步骤都可以分解为基本的可执行操作步骤,即每个计算步骤都可以在有限的时间内完成(也称有效性)。

4.1.2 流程图

算法的表示方法有很多,如自然语言、流程图、伪代码等,其中应用最广泛的是流程图。

流程图采用不同的图形表示各种不同类型的操作,并在图形内写出各个步骤,然后用带箭头的线把它们连接起来,以表示执行的先后顺序。流程图比较形象直观,对初学者来说更易理解掌握。

　　常用的流程图图形如图 4-1 所示。起止框表示一个程序的开始与结束;判断框表示对框中给出的条件进行判断,并根据判断结果执行不同的程序分支;处理框表示一组处理过程;输入/输出框表示数据输入和结果输出;连接点用于将多个流程图连接到一起,以组成一个更大的流程图;流程线指示程序的执行流向。

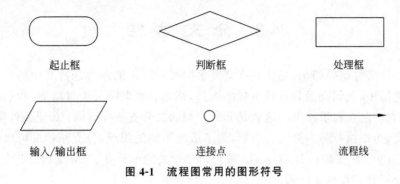

图 4-1　流程图常用的图形符号

4.2　顺　序　结　构

　　结构化程序设计一般包含 3 种基本流程结构:顺序结构、选择结构和循环结构。研究表明,无论多么复杂的算法,都可以通过这 3 种基本结构实现。

　　顺序结构是最基本、最常用的结构。顺序结构中的指令是按照它们出现的先后顺序依次执行的。在图 4-2(a)中,程序会顺序执行程序序列 A 和 B。

　　【例 4.1】　计算两个数 x 和 y 的和 sum 并输出。

　　该算法的流程图如图 4-2(b)所示,实例代码如图 4-2(c)所示。程序运行时,会按照顺序依次执行第 1~4 行的代码。

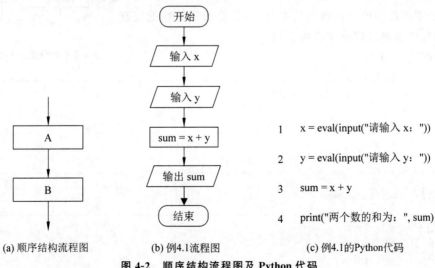

(a) 顺序结构流程图　　　　(b) 例4.1流程图　　　　(c) 例4.1的Python代码

图 4-2　顺序结构流程图及 **Python** 代码

执行结果如下。

```
请输入 x:5
请输入 y:7
两个数的和为: 12
```

4.3 分支结构

分支结构又称选择结构,是指程序需要根据某一特定的条件选择其中的一个分支执行。日常生活中,我们会遇到各种各样的选择,诸如:如果明天天气晴朗,我们就到郊外踏青;否则就一起在家里读书。这就是非常典型的二分支选择结构:如果条件满足,则执行一个分支,否则执行另一分支。当然,为了适应不同的需求,分支结构又可以细分为不同的形式。Python 支持由 if、else、elif 等保留字构成的单分支、二分支和多分支结构。本节将分别介绍这三种分支结构。

4.3.1 单分支结构

Python 中的单分支结构的语法格式如下。

```
if  <条件表达式>:
    语句块
```

单分支的流程图如图 4-3 所示。首先判断条件表达式的值,如果为真(True),执行语句块;如果为假(False),则不执行语句块。语句块通常由一条或多条语句组成。

【**例 4.2**】 编程实现求一个实数的绝对值。

分析:当该实数为负数时,只要对该数取负即可得到其绝对值;否则该数的绝对值就是其本身,不需要做任何其他处理。这种情况适合通过单分支结构实现。

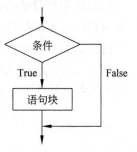

图 4-3 单分支结构流程图

程序代码如下。

```
1   x = eval(input("请输入一个实数:"))
2   y = x
3   if x < 0:
4       y = -x
5   print("实数{}的绝对值为{}".format(x,y))
```

运行两次程序,结果如下。

```
请输入一个实数:-3.6
实数-3.6的绝对值为3.6
请输入一个实数:4.8
```

实数 4.8 的绝对值为 4.8

流程分析：当输入的实数 x 为－3.6 时，由于语句 3 中的条件表达式 x＜0 为 True，故执行第 4 条语句，即将－x 即 3.6 赋值给 y，然后执行第 5 条语句并输出结果。当 x 为 4.8 时，x＜0 为 False，直接执行第 5 条语句。

4.3.2　二分支结构

Python 中的二分支结构的语法格式如下。

```
if  <条件表达式>:
    语句块 1
else
    语句块 2
```

二分支结构的流程如图 4-4 所示。当条件表达式的值为真（True）时，执行语句块 1，否则执行语句块 2。

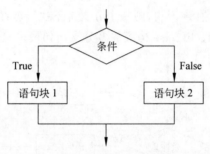

图 4-4　双分支结构流程图

【例 4.3】　编程实现计算机成绩的等级输出。当成绩大于或等于 60 时，输出"成绩合格"；否则输出"成绩不合格"。

程序代码如下。

```
1    score = eval(input("请输入一个成绩:"))
2    if score >=60:
3        print("成绩合格!")
4    else:
5        print("成绩不合格!")
```

运行两次程序，输入不同的成绩，其运行结果如下。

```
请输入一个成绩:83
成绩合格!

请输入一个成绩:50
成绩不合格!
```

4.3.3 多分支结构

Python 的多分支结构语法格式如下。

```
if  <条件表达式 1>:
    语句块 1
elif  <条件表达式 2>:
    语句块 2
...
elif  <条件表达式 N-1>:
    语句块 N-1
[else:
    语句块 N ]
```

多分支结构的流程图如图 4-5 所示。程序在执行时按照顺序依次判断各个条件表达式的值,找到第一个条件为真(True)的表达式,并执行该条件下的语句块,然后结束整个多分支流程。如果条件 1 到条件 N-1 均不成立,则会执行 else 下面的语句块 N;由于 else 语句是可选的,故若没有该语句,则一个分支都不执行就结束整个多分支流程。

由上述分析可知,由 if、elif、else 构成的多分支语句最多只能执行一个分支语句。

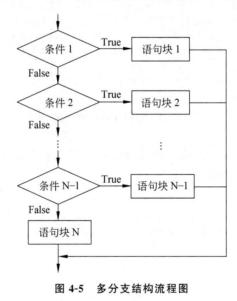

图 4-5 多分支结构流程图

【**例 4.4**】 改进例 4.3,实现成绩的多等级输出。当成绩大于或等于 85 时,输出"成绩优秀!";当成绩大于或等于 75 且小于 85 时,输出"成绩良好!";当成绩大于或等于 60 且小于 75 时,输出"成绩合格!";否则输出"成绩不合格!"。

程序代码如下。

```
1    score = eval(input("请输入一个成绩:"))
2    if score >=85:
```

```
3        print("成绩优秀!")
4    elif score >=75:
5        print("成绩良好!")
6    elif score >=60:
7        print("成绩合格!")
8    else:
9        print("成绩不合格!")
```

多次运行程序,输入不同的成绩,其执行结果如下。

```
请输入一个成绩:92
成绩优秀!

请输入一个成绩:83
成绩良好!

请输入一个成绩:70
成绩合格!

请输入一个成绩:45
成绩不合格!
```

　　思考:程序第 4 条语句中的条件为何没有写成"85 ＞ score ＞＝ 75",而是只写"score ＞＝ 75"? 请读者自行分析程序第 2、4、6 条语句中的条件表达式,深入理解多分支结构的执行流程。

4.4　循　环　结　构

　　循环结构又称重复结构。当执行程序时,若某段代码需要重复执行多次,则应采用循环结构。例如,朋友过生日,你想对他(她)说 99 遍"Happy Birthday!"。如果不使用循环结构,则需要写 99 次 print("Happy Birthday!")语句;而使用循环结构,只需要写一次 print("Happy Birthday!")语句,然后让计算机重复执行 99 次就可以了。由此可见,合理使用循环结构可以极大地缩减编程代码量,使程序更加简洁清晰。

　　Python 支持两种循环:遍历循环和条件循环。遍历循环通过保留字 for-in 实现,它通过遍历一个结构中的所有元素控制循环,适用于确定次数的循环。条件循环通过保留字 while 实现,它通过设定条件表达式决定循环体的执行次数,通常适用于不确定次数的循环。

4.4.1　for-in 遍历循环

　　遍历循环又称 for-in 循环,语法格式如下。

```
for <循环变量>in <遍历结构>:
    <语句块>
```

其中,＜遍历结构＞是一个包含多个元素的结构。for-in 循环的执行流程如图 4-6 所示。执行时,循环变量依次从遍历结构中获得每个元素的值,每获得一个元素的值就执行语句块(称为循环体)一次;重复执行直到遍历结构中的所有元素被遍历结束,退出循环。遍历循环的循环次数是由遍历结构中的元素个数决定的。

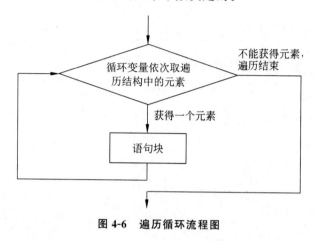

图 4-6 遍历循环流程图

遍历结构有多种形式,既可以是数字序列和字符串,也可以是组合数据类型和文件等。下面介绍 4 种常用的遍历结构。

1. range()函数生成的数字序列

语法格式如下。

```
for i in range( [m=0,] n [, step=1] ):
    <语句块>
```

range()函数生成一个从 m 开始,步长为 step,直到 n−1 结束的数字序列。其中,m的默认值为 0,step 的默认值为 1。

具体使用时,range()函数有以下 3 种不同的用法。

(1) range(n)

生成 0～n−1 的一个数字序列,步长为 1,与 range(0, n) 等价。例如,range(4)可以生成一个 0,1,2,3 的数字序列。用以下 for 循环遍历这个数字序列。

```
1    >>>for i in range(4):
2        print(i)
3
4    0
5    1
6    2
7    3
```

(2) range(m, n)

生成 m～n−1 的一个数字序列,步长为 1。例如,range(3, 7)可以生成一个 3,4,5,6

的数字序列。用以下 for 循环遍历这个数字序列。

```
1    >>>for i in range(3, 7):
2        print(i)
3
4    3
5    4
6    5
7    6
```

（3）range(m，n，step)

生成从 m 开始，步长为 step，到 n−1 结束的一个数字序列。例如，range(3，10，2)
可以生成一个 3,5,7,9 的数字序列。用以下 for 循环遍历这个数字序列。

```
1    >>>for i in range(3, 10, 2):
2        print(i)
3
4    3
5    5
6    7
7    9
```

2. 字符串

字符串可以看作由若干字符组成的序列，因此可以遍历字符串中的各个字符。例如：

```
1    >>>s="明了胜于晦涩"
2    >>>for c in s:
3        print(c)
4
5    明
6    了
7    胜
8    于
9    晦
10   涩
```

3. 组合数据类型

组合数据类型数据也可以被遍历。例如，列表是一种常用的组合数据类型，它是由
若干元素组成的可变序列，因此可以遍历列表中的各个元素。例如：

```
1    >>>ls = [85,76,92,68,83]        #ls 是列表,有 5 个元素
2    >>>for item in ls:              #遍历 ls 的各个元素
3        print(item)
4
5    85
```

```
6    76
7    92
8    68
9    83
```

4. 文件

文件是存储在辅助存储器上的数据序列。Python 将文件本身作为一个行序列,因此可以直接遍历文件的所有行。例如:

```
1    >>>fo = open("myFile.txt","r")        #打开文件 myFile.txt
2    >>>for line in fo:                     #遍历文件各行,line 可以取到文件的每行内容组成的字符串
3        print(line,end="")
4
5    Beautiful is good than ugly.
6    Explicit is good than implicit.
7    >>>fo.close()                          #关闭文件
```

【例 4.5】 求 1~100 整数之和。

分析:这是一个非常典型的循环次数确定的例子。可以用 range( ) 函数生成一个 1~100 的数字序列,采用 for-in 循环完成累加求和运算。

程序代码如下。

```
1    sum = 0
2    for i in range(1, 101):
3        sum += i
4    print("1+2+…+100={}".format(sum))
```

运行结果如下。

```
1+2+…+100=5050
```

【例 4.6】 绘制由 4 条弧形构成的风车图案,其中 4 条弧形的颜色分别为红、蓝、金、绿。

分析:该题目涉及第 2 章中的 turtle 绘图库。4 条弧形虽然可以用顺序方式依次绘制,但是重复代码较多且相对较长;学习循环结构之后,可以总结出 4 条弧形的绘制规律,采用循环结构完成。

程序代码如下。

```
1    import turtle
2
3    turtle.pensize(3)
4    for i in range(4):
5        if i ==0:
6            turtle.pencolor('red')
```

```
7        elif i ==1:
8            turtle.pencolor('blue')
9        elif i ==2:
10           turtle.pencolor('gold')
11       elif i ==3:
12           turtle.pencolor('green')
13       turtle.seth(90 * i)
14       turtle.circle(60,180)
15       turtle.penup()
16       turtle.goto(0,0)
17       turtle.pendown()
18
19   turtle.hideturtle()
20   turtle.done()
```

运行结果如图 4-7 所示。

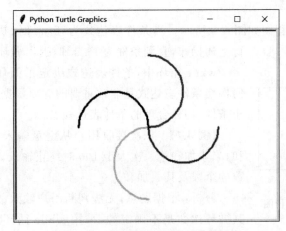

图 4-7　风车绘制程序的运行结果

for 循环还可以与 else 语句一起使用,称为扩展模式,其语法格式如下。

```
for <循环变量>in <遍历结构>:
    <语句块 1>
else
    <语句块 2>
```

只有当循环正常退出时才会执行 else 中的语句块 2。若由于执行到 break 或 return 等语句而提前退出循环,则不会执行 else 语句,continue 语句对 else 语句没有影响。 break 和 continue 语句将在 4.4.3 节详细介绍。

例如下面这段代码。

```
1    >>>for i in range(2,10,2):
2        print("i={:2d}".format(i))
3    else:
```

```
4       print("循环正常结束!")
5
6    i=2
7    i=4
8    i=6
9    i=8
10   循环正常结束!
```

由于 for 循环正常结束,因此执行了 else 语句中的输出"循环正常结束!"语句。

4.4.2   while 条件循环

条件循环又称 while 循环,其语法格式如下。

```
while   <条件>
    <语句块>
```

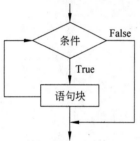

图 4-8   条件循环流程图

while 循环的流程图如图 4-8 所示。当条件表达式为 True 时,执行语句块;重复执行上述操作,直到条件为 False 时退出循环。

while 循环中,条件表达式决定了循环何时结束,因此如何构建条件表达式是非常重要的。要根据题意分析循环的终止条件,构建合理的条件表达式。

【例 4.7】   依次接收用户从键盘输入的整数并求其累加和,当累加和第一次大于 100 时终止输入,并在屏幕上输出整数的个数及其累加和。

分析:根据题意,无法判断用户输入的数据的个数,因此其循环次数是不确定的,采用 while 循环解决这类问题比较合适。

程序代码如下。

```
1    sum = 0                          #存放累加和
2    count = 0                        #存放整数的个数
3
4    while sum <=100:
5        x = eval(input("请输入一个整数:"))
6        sum += x
7        count += 1
8
9    print("{}个整数的累加和为:{}".format(count, sum))
```

运行结果如下。

```
请输入一个整数:26
请输入一个整数:19
请输入一个整数:34
```

请输入一个整数:8
请输入一个整数:32
5 个整数的累加和为:119

while 循环也有一种与 else 语句一起使用的扩展模式,其语法格式如下。

```
while  <条件>
    <语句块 1>
else
    <语句块 2>
```

与 for 循环的扩展模式类似,只有当 while 循环正常结束时才会执行 else 中的语句块 2,因此可以在 else 语句中放置判断循环执行情况的语句。具体使用可见 4.4.4 节中的例 4.11。

4.4.3 break 和 continue 关键字

当满足一定条件时,循环可以提前结束。例如在全班 50 位学生中寻找第一位姓名为"李明"的学生。该问题可以采用遍历循环解决,其最大循环次数是 50 次。但是如果在第 10 次循环时就找到了目标,则剩下的循环就没有必要继续执行了,这时就可以提前结束循环。Python 提供了与此相关的两个保留字:break 和 continue。break 用来提前结束循环,continue 用来结束本次循环,两个关键字都只能用于循环体中。

1. break

break 保留字用在循环体内,可以使执行流程从循环体内跳出循环体,即提前结束整个循环。

【**例 4.8**】 从键盘输入一个字符串,查找字符'a'在该字符串是否存在。若存在,则输出其第一次出现的位置序号;若不存在,则输出"字符'a'不在该字符串中!"。

分析:该题目属于目标搜索问题,可以采用顺序查找法,即从头到尾按照顺序依次搜索每一项,直到找到目标为止。

代码如下。

```
1   str = input("请输入一个字符串:")
2   i = 0                          #字符的序号
3
4   for c in str:
5       if c == 'a':
6           print("字符'a'第一次出现的序号为:{}".format(i))
7           break
8       i = i + 1
9   else:
10      print("字符'a'不在该字符串中!")
```

运行两次程序,结果分别如下。

请输入一个字符串:How are you?
字符'a'第一次出现的序号为:4

请输入一个字符串:Hello world!
字符'a'不在该字符串中!

该程序采用的是 for-in 循环的扩展模式。若找到目标,则执行 break 提前结束循环,这时不会执行 else 中的语句 10;只有当整个字符串全部搜索完毕也没有找到目标,即 for-in 循环正常结束时,才会执行 else 中的语句。

该程序也可以采用 while 循环实现,请读者自己改写一下,体会两种循环的不同写法。

2. continue

continue 保留字用来结束本次循环,其作用是跳过循环体中尚未执行的语句,然后判断是否要执行下一次循环。

【例 4.9】 计算 1～20 之间所有整数的和,其中能被 5 整除的不计算在内。

分析:根据题意,循环次数是确定的,为 20 次,故采用 for-in 循环实现。但是在能被 5 整除的情况下,该数不应被求和,因此在循环体中使用 continue 语句辅助控制循环。

程序代码如下。

```
1    sum = 0
2    for i in range(1, 21):
3        if i %5 ==0:
4            continue
5        sum += i
6    print("sum={}".format(sum))
```

执行结果如下。

---

sum=160

1～20 之间所有整数的和是 210,除了能被 5 整除的 5、10、15、20 这四个数,剩下的数的累加和正好为 160。

break 和 continue 都只能用于循环体中,两者的区别在于:continue 只结束本次循环,而不是终止整个循环的执行;break 则是结束整个循环过程,不再判断循环条件是否成立。另外,break 会影响循环扩展模式中的 else 语句,而 continue 对 else 语句没有影响。

4.4.4　嵌套循环

在一个循环体中又包含另一个完整的循环结构称为循环嵌套。嵌套循环由一个外层循环和一个(或多个)内层循环构成。for-in 循环和 while 循环均可以相互嵌套。

【例 4.10】 打印如图 4-9 所示的九九乘法表。

分析:九九乘法表是由行和列组成的二维表。该表共有 9 行,每行的列数等于该行

```
1*1= 1
2*1= 2    2*2= 4
3*1= 3    3*2= 6    3*3= 9
4*1= 4    4*2= 8    4*3=12    4*4=16
5*1= 5    5*2=10    5*3=15    5*4=20    5*5=25
6*1= 6    6*2=12    6*3=18    6*4=24    6*5=30    6*6=36
7*1= 7    7*2=14    7*3=21    7*4=28    7*5=35    7*6=42    7*7=49
8*1= 8    8*2=16    8*3=24    8*4=32    8*5=40    8*6=48    8*7=56    8*8=64
9*1= 9    9*2=18    9*3=27    9*4=36    9*5=45    9*6=54    9*7=63    9*8=72    9*9=81
```

图 4-9　九九乘法表

的行号,而行中每个等式的第一个乘数是等式所在的行号,第二个乘数是等式所在的列号,等式右边的值为行号与列号的乘积。

程序设计中通常采用嵌套循环来实现此类二维形式的输出。一般外层循环用来控制行,内层循环用来控制组成各行的列。

因为循环次数可控,所以采用两层 for 循环实现嵌套循环。外层 for 循环由循环变量 i 控制,表示九九乘法表的行号,由 1 循环到 9,步长为 1。内层 for 循环由循环变量 j 控制,表示九九乘法表的列号,由 1 循环到 i,即内层循环的次数与外层循环变量的值有关。

程序代码如下。

```
1    for i in range(1,10):
2        for j in range(1, i + 1):
3            print("{:1d} * {:1d}={:>2d}".format(i, j, i * j),end="\t")
4        print()
```

【例 4.11】　输出 1~100 的所有素数。

分析:素数又称质数,指在大于 1 的自然数中,除了 1 和它本身以外不再有其他因子的自然数。

程序代码如下。

```
1    print("1~100 内的素数有:")
2    for num in range(2,101):
3        b = 2                          #b 为因子,初值为 2
4        while b <= num // 2:
5            if num % b == 0:           #有因子,num 不是素数
6                break
7            b = b + 1
8        else:                          #while 循环正常结束,num 是素数
9            print("{}".format(num), end = " ")
```

外层循环用 for 实现,变量 num 是待判定的数据,从 2 遍历到 100。内层循环负责判断 num 是否为素数。一旦发现 num 有可用因子,则判定其不是素数,提前退出内层循环。当内层循环正常结束时,表示没有找到任何因子,因此可判定 num 为素数,并在 else 语句中输出是素数的 num 的值。可见,合理地使用循环的扩展模式对优化编程是很有帮

助的。

　　注意：内层 while 循环体中的 break 语句只能退出内层循环，外层循环依然会正常执行。

　　运行结果如下。

```
1~100 内的素数有：
2 3 5 7 11 13 17 19 23 29 31 37 41 43 47 53 59 61 67 71 73 79 83 89 97
```

4.5　异常处理结构

　　程序在正常运行过程中会发生错误，例如除零或者引用的变量不存在，这时就会产生异常，如果程序没有对该异常进行处理，则程序会中断执行，然后报错且报出该异常的信息。下面给出例 4.12，分析其代码可能会发生的异常情况。

　　【例 4.12】　根据用户输入的半径求对应的圆的周长。

　　程序代码如下。

```
1   import math
2   r = eval(input("请输入一个半径:"))
3   peri = 2 * math.pi * r
4   print("半径为{}的圆的周长是{:.2f}".format(r, peri))
```

　　一般情况下，用户从键盘输入的是一个整数或浮点数，并以此为半径计算圆的周长，因此程序的运行是正常的。运行结果如下。

```
请输入一个半径:3.5
半径为 3.5 的圆的周长是 21.99
```

　　但是，如果用户输入的是其他类型的数据，例如当用户输入一个字符串时，就会出现异常情况，程序运行结果如下。

```
请输入一个半径:hello
Traceback (most recent call last):
  File "C:/Users/94046/Documents/try.py", line 2, in <module>
    r=eval(input("请输入一个半径:"))
  File "<string>", line 1, in <module>
NameError: name 'hello' is not defined
```

　　可以看到，当从键盘输入一个字符串"Hello"时，eval("Hello")返回 Hello，Python 解释器认为这是一个名为 Hello 的变量，但是这个变量并不存在，所以报出标识符未定义的 NameError 错误。在运行报出的异常信息中，Traceback 为异常回溯标志，File 指出发生异常的 Python 源文件的绝对路径和文件名，line 指出异常代码所在的行号为 2，而 NameError 为异常的类型，其后是导致异常产生的具体原因的描述。

表 4-1 列出了部分常见的 Python 异常类型。

表 4-1　部分常见的 Python 异常类型

异 常 类 型	异 常 原 因
AttributeError	引用了对象没有的属性
FileExistsError	创建了已存在的文件或者目录
FileNotFoundError	引用的文件或者目录不存在
IOError	输入/输出异常
ImportError	无法引入包或者模块
IndentationError	缩进错误
IndexError	索引越界
KeyError	访问字典中不存在的键
ModuleNotFoundError	找不到引用的模块
NameError	引用的对象未声明、未初始化
ValueError	传入无效的参数
ZeroDivisionError	除零错误

这些异常信息有利于我们对代码进行修改和调试。但是有时候我们并不希望这种错误中断程序的运行,而是希望一旦产生了某种异常,我们可以主动捕获这个异常,然后用自己特定的代码逻辑处理它(如提示用户刚才发生了什么样的错误),从而避免程序因异常而中断运行,使程序哪怕遇到了问题也能正常运行下去。这样的机制被称为异常处理。异常处理机制可以增强程序的健壮性与容错性,从而有效地提升用户体验,在程序设计中经常用到。

4.5.1　try-except

Python 提供了 try-except 结构进行异常处理,其最基本的语法格式如下。

```
try:
    <程序代码段>
except [<异常类型>]:
    <语句块>
```

其中,用 try 块括起程序中可能出现异常的代码段,<语句块>为异常处理代码段。

try-except 结构的执行流程为:<程序代码段>执行过程中如果无任何异常发生,则结束整个结构;若出现异常,如果该异常和 except 语句后的异常类型相匹配,则称捕获到了该异常,并执行 except 语句块,结束整个 try-except 结构;若出现异常,但是该异常和 except 语句后的异常类型不匹配,则程序运行中断,报出异常信息。其中,异常类型可省略,表示 except 语句会捕获所有发生的异常。

【例 4.13】 完善例 4.12 的程序，为其增加异常处理机制。

改进后的程序代码如下。

```
1    import math
2
3    try:
4        r = eval(input("请输入一个半径:"))
5        peri = 2 * math.pi * r
6        print("半径为{}的圆的周长是{:.2f}".format(r,peri))
7    except NameError:
8        print("数据类型错误,请输入一个实数!")
```

执行结果如下。

```
请输入一个半径:hello
数据类型错误,请输入一个实数!
```

当用户输入字符串 hello 时，程序会发生 NameError 异常。此时，except 语句会捕获该异常，执行 print()输出异常提示信息。

try-except 结构也可以捕获多种类型的异常并进行处理，其基本语法格式如下。

```
try:
    <程序代码段>
except [<异常类型 1>]:
    <语句块 1>
...
except [<异常类型 n>]:
    <语句块 n>
```

<语句块 1>至<语句块 n>是不同异常类型对应的异常处理代码段。try 块括起来的<程序代码段>如果出现异常，则该异常和<异常类型 1>至<异常类型 n>相匹配，执行匹配成功的第一个异常类型后的语句块，然后结束 try-except 结构。

4.5.2   try-except-else

try-except 结构还可以与 else 保留字配合使用，其语法格式如下。

```
try:
    <程序代码段>
except <异常类型>:
    <语句块 1>
else
    <语句块 2>
```

当且仅当 try 块中的<程序代码段>未发生异常且正常结束时，才会执行 else 中的语句块 2。

【例 4.14】 改进例 4.13 的程序,加入 else 语句以进一步完善其异常处理机制。
程序代码如下。

```
1   import math
2
3   try:
4       r = eval(input("请输入一个半径:"))
5       peri = 2 * math.pi * r
6       print("半径为{}的圆的周长是{:.2f}".format(r,peri))
7   except NameError:
8       print("数据类型错误,请输入一个实数!")
9   else:
10      print("无异常发生!")
```

运行两次的结果分别如下。

```
请输入一个半径:5.6
半径为 5.6 的圆的周长是 35.19
无异常发生!


请输入一个半径:hi
数据类型错误,请输入一个实数!
```

可见,只有无异常发生时,才会执行 else 中的语句。

4.5.3 try-except-else-finally

try-except 语句除了与 else 配合外,还可以加入 finally 语句,以完成更复杂的异常处理的流程控制,其语法格式如下。

```
try
    <程序代码段>
except <异常类型>:
    <语句块 1>
else
    <语句块 2>
finally
    <语句块 3>
```

如果<程序代码段>中发生异常,并且该异常与 except 的<异常类型>相匹配,则先执行 except 后的<语句块 1>,再执行 finally 后的<语句块 3>;如果<程序代码段>未发生异常且正常结束,则先执行 else 后的<语句块 2>,再执行 finally 后的<语句块 3>。因此无论 try 块中的<程序代码段>是否发生异常,finally 语句块 3 都会被执行。

通常,将程序结束前的一些收尾工作放在 finally 后的语句块中完成。

【例 4.15】 利用 finally 语句进一步完善例 4.14 的功能。

改进后的程序如下。

```
1    import math
2
3    try:
4        r = eval(input("请输入一个半径:"))
5        peri = 2 * math.pi * r
6        print("半径为{}的圆的周长是{:.2f}".format(r,peri))
7    except NameError:
8        print("数据类型错误,请输入一个实数!")
9    else:
10       print("无异常发生!")
11   finally:
12       print("程序运行结束!")
```

运行两次的结果分别如下。

```
请输入一个半径:6.1
半径为 6.1 的圆的周长是 38.33
无异常发生!
程序运行结束!

请输入一个半径:hi
数据类型错误,请输入一个实数!
程序运行结束!
```

4.6 综合实例——个人所得税的计算

个人所得税(简称个税)是国家对本国公民、居住在本国境内的个人和境外个人来源于本国的所得征收的一种所得税。个人所得税在国家财政收入中占较大比重,对经济亦有较大影响。

2019 年 1 月 1 日,中国新个税法开始全面施行,个税免征额由每月 3500 元提高至每月 5000 元(即每年 6 万元)。首次增加了子女教育支出、继续教育支出、大病医疗支出、住房贷款利息和住房租金等专项附加扣除,进一步优化了税率结构。

个人所得税的征收方式可分为按月计征和按年计征,下面以按月计征方式为例进行介绍。要想计算应缴纳的个税额,首先要计算月应纳税所得额,其计算公式为

月应纳税所得额＝月度收入－免征额－专项扣除－专项附加扣除－其他扣除

月度收入是指应发收入,个税免征额是 5000 元,专项扣除是指三险一金(三险:养老保险、失业保险、医疗保险,一金:住房公积金),专项附加扣除包括子女教育、继续教育、大病医疗、住房贷款利息和住房租金、赡养老人等支出,其他扣除是指依法确定的其他扣除。

个人所得税根据不同的征税项目分别规定了 3 种不同的税率,下面以综合所得为例进行介绍。

综合所得包括工资、薪金所得、劳务报酬所得、稿酬所得、特许权使用费所得等,适用

7 级超额累进税率,按月应纳税所得额计算征税。该税率按个人月工资、薪金应税所得额划分级距,最高一级为 45%,最低一级为 3%,共 7 级。具体税率如表 4-2 所示。

表 4-2 个人所得税税率(综合所得适用)

级 数	全年应纳税所得额	税率/%
1	不超过 36 000 元的	3
2	超过 36 000 元至 144 000 元的部分	10
3	超过 144 000 元至 300 000 元的部分	20
4	超过 300 000 元至 420 000 元的部分	25
5	超过 420 000 元至 660 000 元的部分	30
6	超过 660 000 元至 960 000 元的部分	35
7	超过 960 000 元的部分	45

【例 4.16】 求某单位职工的个人所得税。要求能连续从键盘输入每位职工的姓名、月度收入和各项扣除汇总,按照表 4-2 计算其月应纳税额并输出到屏幕上,且一旦输入的姓名为空就结束程序运行。

为简化编程,假设本单位所有职工的全年收入均不超过 420 000 元,且每月收入均等。同时将专项扣除、专项附加扣除和其他扣除合并为各项扣除汇总,即月应纳税所得额的简化计算公式为

月应纳税所得额=月度收入−免征额−各项扣除汇总

程序代码如下。

```
1   Exemption = 5000                          #免征额
2   while True:                               #永真循环
3       name = input("姓名:")
4       if name =="":
5           break
6       income = eval(input("月度收入:"))
7       deductions = eval(input("各项扣除:"))
8       taxable_income = income - Exemption - deductions
9       if taxable_income <=0:
10          tax = 0
11      elif taxable_income <=36000/12:
12          tax = taxable_income * 0.03
13      elif taxable_income <=144000/12:
14          tax = (taxable_income - 36000/12) * 0.10 + 36000/12 * 0.03
15      elif taxable_income <=300000/12:
16          tax = (taxable_income - 144000/12) * 0.20 + 36000/12 * 0.03 + \
17              (144000/12 - 36000/12) * 0.10
18      elif taxable_income <=420000/12:
19          tax = (taxable_income - 300000/12) * 0.25 + 36000/12 * 0.03 + \
20              (144000 12 - 36000/12) * 0.10 + (300000/12 - 144000/12) * 0.20
21      else:
22          print("输入错误,请重新输入!")
```

```
23          continue
24      print("月应纳税额为:{:.2f}".format(tax))
25      print("请输入下一位职工的工资信息")
```

代码第 2 行的 while 循环给定的条件始终为真(True),这种循环称为永真循环。永真循环一般在循环体内会有"满足一定条件则提前结束循环"的语句,如第 4 行和第 5 行,当输入的 name 为空串时,执行 break 退出循环;否则它就成了"死循环",会无休止地执行下去,这是程序设计应极力避免的。

运行结果如下。

```
姓名:孙强
月度收入:11000
各项扣除:2800
月应纳税额为:110.00
请输入下一位职工的工资信息
姓名:张凡
月度收入:58000
各项扣除:4900
输入错误,请重新输入!
姓名:刘佳
月度收入:32000
各项扣除:3600
月应纳税额为:3270.00
请输入下一位职工的工资信息
姓名:
```

在例 4.16 中,分级计算月应纳个税的算法是比较烦琐的,且收入越高,计算公式越复杂。在实际计税时,通常引入速算扣除数以简化个税的计算,计算方法是先将全部月应纳税所得额按其适用的最高税率计税,然后减去速算扣除数。速算扣除数和个税的简化计算方法请自行查阅相关资料。

　　【**例 4.17**】　改进例 4.16,按照表 4-3 给出的分级税率和速算扣除数计算个人所得税。计算方法为

表 4-3　个人所得税税率和速算扣除数表(综合所得适用)

级数	全年应纳税所得额	税率/%	速算扣除数
1	不超过 36 000 元的	3	0
2	超过 36 000 元至 144 000 元的部分	10	210
3	超过 144 000 元至 300 000 元的部分	20	1410
4	超过 300 000 元至 420 000 元的部分	25	2660
5	超过 420 000 元至 660 000 元的部分	30	4410
6	超过 660 000 元至 960 000 元的部分	35	7160
7	超过 960 000 元的部分	45	15 160

月应纳税额＝月应纳税所得额×适用的最高税率－速算扣除数

程序代码如下。

```
1   Exemption = 5000                    # 免征额
2   while True:                         # 永真循环
3       name = input("姓名:")
4       if name == "":
5           break
6       income = eval(input("月度收入:"))
7       deductions = eval(input("各项扣除:"))
8       taxable_income = income - Exemption - deductions
9       if taxable_income <= 0:
10          tax = 0
11      elif taxable_income <= 36000 / 12:
12          tax = taxable_income * 0.03 - 0
13      elif taxable_income <= 144000 / 12:
14          tax = taxable_income * 0.10 - 210
15      elif taxable_income <= 300000 / 12:
16          tax = taxable_income * 0.20 - 1410
17      elif taxable_income <= 420000 / 12:
18          tax = taxable_income * 0.25 - 2660
19      elif taxable_income <= 660000 / 12:
20          tax = taxable_income * 0.30 - 4410
21      elif taxable_income <= 960000 / 12:
22          tax = taxable_income * 0.35 - 7160
23      else:
24          tax = taxable_income * 0.45 - 15160
25      print("月应纳税额为:{:.2f}".format(tax))
26      print("请输入下一位职工的工资信息")
```

该程序涵盖了全部 7 级税率,是一个通用的个人所得税计算程序,其执行结果如下。

```
姓名:孙强
月度收入:11000
各项扣除:2800
月应纳税额为:110.00
请输入下一位职工的工资信息
姓名:张凡
月度收入:58000
各项扣除:4900
月应纳税额为:10020.00
请输入下一位职工的工资信息
姓名:刘芳
月度收入:6500
各项扣除:1400
月应纳税额为:3.00
请输入下一位职工的工资信息
姓名:
```

本 章 小 结

本章首先介绍了计算机算法的基本概念和流程图的绘制方法,接着详细讲解了分支结构中的单分支、二分支和多分支语句,重点介绍了 for-in 和 while 循环以及 break、continue 保留字的用法,然后介绍了异常处理机制及其使用方法,最后给出了一个计算个人所得税的实例,以帮助读者加深对本章内容的理解。

本 章 习 题

4.1　填空题。

(1) 实现多分支语句的保留字有 if、_____和_____。

(2) 在循环语句中,_____语句的作用是提前结束本层循环,_____语句的作用是提前进入下一次循环。

(3) 对于带有 else 子句的 for 循环和 while 循环,当循环因循环条件不成立而自然结束时,_____(会/不会)执行 else 中的代码。

(4) 在一个循环体中又包含另一个完整的循环语句称为_____。

(5) 确定次数的循环适合用_____实现,而不确定次数的循环则可采用_____实现。

(6) Python 3.x 语句"for i in range(3): print(i, end = ',')"的输出结果为_____。

(7) 执行循环语句"for i in range(1, 10, 3): print(i)",循环体执行的次数是_____。

(8) 循环语句"for i in range(20,5,-3): print(i, end=" ")"的输出结果为_____,循环体执行的次数是_____。

(9) 执行循环语句"for i in range(6): print(i)"后,变量 i 的值是_____。

(10) 下列程序的输出结果是_____,其中 while 循环执行了_____次。

```
1   i = 1
2   while i > 0:
3       i = -i
4       print(i)
```

(11) 以下 while 循环的次数是_____次。

```
1   i = 1
2   while i < 10:
3       if i < 2:continue
4       if i == 6:break
5       print(i)
```

```
6       i += 1
```

4.2 读程序,写结果。

(1)

```
1    s = 0
2    for i in range(2,10,2):
3        s += i
4    print("sum=",s)
```

(2)

```
1    s1 = s2 = s3 = 0
2    for i in range(1,10):
3        if i%2 ==0:
4            s1 += i
5        elif i%3 ==0:
6            s2 += i
7        else:
8            s3 += i
9    print("s1={} s2={} s3={}".format(s1,s2,s3))
```

(3)

```
1    s = "Welcome to Jinan"
2    for c in s:
3        if 'a' <=c <='z':
4            print(c.upper(),end="")
5            continue
6        if 'A' <=c <='Z':
7            print(c.lower(),end="")
8            continue
9        print(c,end="")
```

(4)

```
1    i = 1
2    while i <10:
3        if i%2 ==0:
4            print(i)
5        i += 1
```

(5)

```
1    sum = 0
2    n = 0
3    while n <10:
4        n += 1
```

```
5    if n ==5 or n ==6:
6        continue
7    sum += n
8 print("The sum is",sum)
```

（6）

```
1  s = 0
2  for i in range(1,101):
3      s += i
4      if i ==50:
5          print(s)
6          break
7  else:
8      print(1)
```

（7）

```
1  for i in range(1,5):
2      j = 0
3      while j<i:
4          print(j,end=" ")
5          j += 1
6      print()
```

4.3　用分支结构实现：输入温度值 temp，如果 temp≥35，则输出"高温天气，注意防暑！"；如果 10≤temp＜35，则输出"温度适宜，快乐生活！"；否则输出"低温天气，注意保暖！"。

4.4　用分支结构实现队员集训选拔：仅当该队员的年龄小于或等于 35 且分数大于或等于 85 时才能入选集训队。编写程序，从键盘输入一位队员的姓名、年龄和分数，若符合要求，则输出"恭喜您入选集训队！"，否则输出"很遗憾，请继续努力！"。

4.5　用分支结构实现分段函数计算。

当 x＜0 时，y＝0。

当 0≤x＜5 时，y＝x。

当 5≤x＜10 时，y＝3x－5。

当 10≤x＜20 时，y＝0.5x－2。

当 20≤x 时，y＝0。

4.6　程序改写。

（1）用 while 循环改写下列程序。

```
1  s=0
2  for i in range(1,101,2):
3      s += i
4  print(s)
```

（2）用 for 循环改写下列程序。

```
1   sum = 0
2   i = 2
3   while i <101:
4       sum += i
5       i += 2
6   print(sum)
```

4.7　程序设计：从键盘接收一个字符串，分别统计其中大写字母、小写字母、数字和其他字符的个数并输出。

4.8　程序设计：从键盘接收若干学生的姓名和其语文、数学、英语三科成绩，若姓名为空，则退出程序；否则计算其三科成绩之和并继续接收下一位学生的信息。

4.9　程序设计：如果一个数恰好等于它的因子之和，则称为"完数"。例如，6＝1＋2＋3，则 6 就是完数。请编程找出 1000 以内的所有完数和它们的因子。

4.10　程序设计：如果一个数的反向数和它本身相等，则称为回文数。例如，12321 是回文数，而 123 不是回文数。编程从键盘输入一个数并判断该数是否是回文数。

4.11　程序设计：求解百钱买百鸡问题。假设大鸡 5 元 1 只，中鸡 3 元 1 只，小鸡 1 元 3 只，现有 100 元钱，想买 100 只鸡，请问有多少种买法？

4.12　程序设计：预设一个 0～100 的随机整数，提示用户输入所猜数字。如果大于预设的数，则显示"太大了"；如果小于预设的数，则显示"太小了"。一直循环直到用户猜中，输出这个随机数字以及预测次数。

4.13　程序设计：为习题 4.3 增加异常处理机制：当用户输入的数据不是数字类型时，输出异常提示"输入数据类型错误"。

4.14　程序设计：随机生成 10 个 [20,100] 的整数，并以它们为半径绘制圆心为（0，0）的同心圆。颜色从红、绿、蓝、紫中随机选择。

4.15　程序设计：人生需要有规划，收入也需要有规划。假设你在一家金融产品公司任职，月薪资为基本工资＋佣金。佣金为每月销售额（saleAmount）乘以佣金率（rate），其中，佣金率按表 4-4 规定执行。

表 4-4　月销售额与佣金率

月 销 售 额	佣 金 率
saleAmount ＜3000	5
3000＜＝saleAmount＜6000	8
6000＜＝saleAmount ＜10 000	12
saleAmount＞＝10 000	15

假定一年中每月的销售额是相同的，用户输入基本工资，编程计算当每月销售额从 0 至 20 000 变化时（每次增加 2000 元）年收入分别是多少。

程序运行示例如下。

```
请输入基本工资:5000
月销售额          年收入
0                60000.0
2000             61200.0
4000             63840.0
6000             68640.0
8000             71520.0
10000            78000.0
12000            81600.0
14000            85200.0
16000            88800.0
18000            92400.0
20000            96000.0
```

chapter 5

函　　数

5.1　函　数　入　门

在前面的章节中,使用过 Python 的内置函数和 Python 标准库中定义的函数,对使用函数名传入函数参数的函数调用方式已经不再陌生。这些函数实际上是系统已经定义好的、能够完成特定功能的代码段,只要知道函数的功能、函数名、函数的输入/输出方式,就可以在程序需要的位置正确地调用函数并利用其功能。但是我们并不知道也不需要知道函数内部实现的具体代码,所以函数是一种功能的抽象。

用户自定义函数和内置函数的本质是一样的,它们都是函数。本章主要讨论 Python 自定义函数。

5.1.1　函数的概念

函数(Function)是一个相对独立的实体,是对完成一定功能的代码段的封装,是一种功能的抽象。

定义一个函数后,可以在一个程序需要的位置多次调用该函数,调用时给出不同的参数就可以实现对不同数据的处理,也可以在不同的多个程序中调用,所以函数可以实现代码复用,这种代码复用可以减少程序代码量。当需要修改功能时,只要在函数中修改代码,所有调用位置的功能就会被同时更新,所以函数可以降低代码的维护难度。

【例 5.1】　分别对 3 和 5、6 和 8、12 和 28 求最大值。

当不使用函数时,程序代码如下。

```
1    x, y = 3, 5
2    if x > y:
3        result = x
4    else:
5        result = y
6    print("3 和 5 的最大值为{}".format(result))
7
8    x, y = 6, 8
9    if x > y:
10       result = x
```

```
11   else:
12       result = y
13   print("6 和 8 的最大值为{}".format(result))
14
15   x, y = 12, 28
16   if x > y:
17       result = x
18   else:
19       result = y
20   print("12 和 28 的最大值为{}".format(result))
```

此程序中,求最大值代码重复执行了 3 次,而除了初始时 x 和 y 的赋值不同,其余代码均相同。若引入求最大值函数,则代码可以精简为如下。

```
1   def calMax(x,y):
2       if x > y:
3           return x
4       else:
5           return y
6
7   print("3 和 5 的最大值为{}".format(calMax(3,5)))
8   print("6 和 8 的最大值为{}".format(calMax(6,8)))
9   print("12 和 28 的最大值为{}".format(calMax(12,28)))
```

可见,引入函数可以使程序更加简洁,有利于缩减代码量,提高重用性。要善于使用函数,以减少重复编写程序段的工作量。

此外,当编程实现一个较复杂的任务时,为了简化程序设计、便于组织和规划,一般会将大任务分解成一系列简单的小任务,每个小任务用一段相对独立的功能函数实现。引入函数后,只需要在主程序中合理地调用各个函数,就可以实现整个程序的功能。所以函数实现了问题的简化,降低了编程的难度。

例如,2019 级金融学一班有 50 位学生,已知其"程序设计"课程的考试成绩,要求统计该班的平均分、最高分、最低分、中位分,并按照考试成绩由高到低排序。由于该程序实现的功能较多、代码较长,因此在编程时可以根据其实现的不同功能将代码划分为不同的函数,如图 5-1 所示。

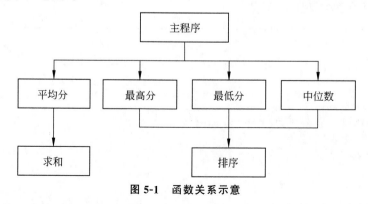

图 5-1 函数关系示意

图 5-1 中,程序的具体功能由各个不同的函数实现,主程序一般负责调用不同的函数,用来统筹全局。各个函数既可以被主程序直接调用,也可以被其他函数调用。例如要计算平均分,可以先调用求和函数得到总分后再计算平均分;要获取最高分、最低分和中位数,可以先把数据进行排序,这样就可以很好地简化编程。当然,如果主程序要输出总分和排序后的数据,则可以直接调用求和函数和排序函数。

5.1.2 定义函数

函数定义使用 def 保留字,包括函数头和函数体两部分,其语法格式如下。

```
def <函数名>(形参列表):
    <函数体>
```

第 1 行是函数头,以 def 开头,函数名是合法的 Python 标识符。一对圆括号中的形参列表可以包含零个、一个或者多个形式参数。当包含零个形式参数时,圆括号不能省略。形式参数就是函数头的圆括号中定义的参数,相当于函数的自变量,之所以称为形式参数,是因为函数定义时形式参数是使用只有名字、不占内存空间的虚拟变量实现的,等待函数调用时为其传值。

函数体是实现函数功能的语句的集合,是函数定义的主体部分。函数体的最后一条语句一般是 return 语句,用于将函数的返回值带回主调函数,并将程序流程从被调函数转向主调函数。

return 语句的语法格式如下。

```
return [<返回值列表>]
```

若函数没有返回值,则可以不带<返回值列表>,也可以直接缺省 return 语句,此时函数会有一个默认返回值 None。Python 允许函数有多个返回值,以逗号分隔。无论函数体有无 return 语句,函数执行结束后都会将控制权交还给调用者。

以求两个数的最大值函数为例,其函数定义如图 5-2 所示。

图 5-2 中,calMax 是自定义的函数名,x、y 是两个形参,函数体内的 if-else 语句用于求 x、y 两个数的最大值,最后用 return 语句返回最大值 result。

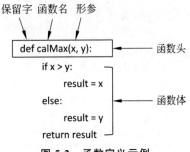

图 5-2 函数定义示例

5.1.3 调用函数

1. 函数调用和返回值

定义函数后,其函数体的代码并不会自动执行。只有当函数被调用时,才会执行该函数的代码。调用函数的一般形式如下。

函数名（[实参列表]）

实参即实际参数。当发生函数调用时,实参会给形参传递值。如果调用的是无参函数,则实参列表可以省略,但圆括号不能省略。

函数调用通常有以下两种方式。

(1) 函数调用作为一条语句的一部分

该方式适用于有返回值的函数,调用者利用的是函数的返回值。例如 calMax()的函数调用可写成：y=calMax(5,8),将其函数返回值赋值给变量 y。

也可以用"print("Max={}".format(calMax(5,18)))"语句将函数返回值直接输出到屏幕上。

(2) 函数调用单独作为一条语句

这种方式通常适用于无返回值的函数,调用者利用的是函数代码执行的功能流程。

【例 5.2】 编写程序,分别为 Mary、John 和 Tom 致欢迎词。

程序代码如下。

```
1   def printHello(s):
2       print("Hello " + s + ",")
3       print("welcome to China!")
4
5   printHello("Mary")
6   printHello("John")
7   printHello("Tom")
```

该程序前 3 行代码为 printHello()的函数定义,无函数返回值(实际函数返回值为 None)。第 5～7 行是函数调用语句,即调用 printHello()函数 3 次。

执行结果如下。

```
Hello Mary,
welcome to China!
Hello John,
welcome to China!
Hello Tom,
welcome to China!
```

【例 5.3】 编程求任意两个数中的最大值并分析其执行流程。

程序的完整代码如下。

```
1   def calMax(x, y):
2       if x > y:
3           result = x
4       else:
5           result = y
```

```
6       return result
7
8    a, b = eval(input("请输入两个数:"))
9    m = calMax(a, b)
10   print("Max={}".format(m))
```

执行结果如下。

```
请输入两个数:5,8
Max=8
```

该程序代码的第 1～6 行是 calMax() 的函数定义,第 8～10 行是主程序代码。当该程序运行时,由于前 6 行是函数定义,因此会从第 8 条语句开始执行。程序的执行流程如图 5-3 所示,图中的箭头方向表示程序的执行流向。

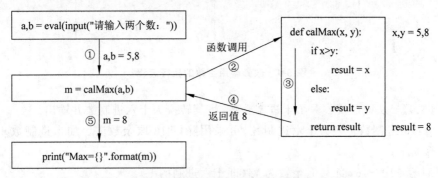

图 5-3 带函数调用的程序执行流程

执行流程分析如下。

① 执行第 8 条语句,即从键盘接收两个数并赋值给变量 a 和 b(假设为 5、8);

② 执行第 9 条语句,由于发生了函数调用,这时主程序会暂停执行,将控制权转移给 calMax() 函数。

③ 函数调用过程如下。

• 形参 x、y 分别接收实参 a、b 的值(x, y=5, 8)。

• 执行 calMax(a, b) 的函数体代码,求得最大值 result 为 8。

• 执行 return 语句,结束函数调用并返回主程序,其返回值为 8。

④ 执行第 9 条语句,将函数返回值 8 赋值给变量 m。

⑤ 执行第 10 条语句,输出"Max=8",程序执行结束。

2. 函数的嵌套调用

Python 允许嵌套调用函数,即在调用一个函数的过程中又调用另一个函数。如图 5-4 所示,两层嵌套调用的执行流程如下。

① 执行主程序开始部分。

② 执行调用 f1() 函数的语句,流程转向 f1() 函数。

③ 执行 f1()函数的开始部分。

④ 执行调用 f2()函数的语句,流程转向 f2()函数。

⑤ 执行 f2()函数,直到 f2()函数结束。

⑥ 返回到 f1()函数中调用 f2()函数的位置。

⑦ 继续执行 f1()函数的后续代码,直到 f1()函数结束。

⑧ 返回到主程序中调用 f1()函数的位置。

⑨ 继续执行主程序的后续代码直到结束。

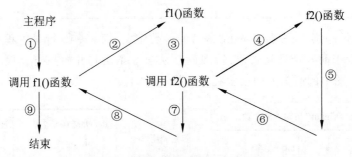

图 5-4　嵌套调用函数的执行流程

【例 5.4】　从键盘接收一个十进制整数,将其转换为十六进制数并输出。

分析:十进制数转换为十六进制数,可采用除以 16 取余数法。如十进制数 110,其转换步骤如下。

① 计算 110÷16,商为 6,余数为 14(即十六进制的 E)。

② 计算 6÷16,商为 0,余数为 6。

一旦商为 0,则转换结束。此时,110 对应的十六进制数为 6E。

程序代码如下。

```
1   def toHexStr(hexInt):
2       if 0 <=hexInt <=9:
3           return str(hexInt)
4       else:
5           return chr(ord('A') + hexInt - 10)
6
7   def decToHex(decInt):
8       hexStr = ""
9       while decInt !=0:
10          hexInt = decInt %16
11          hexStr = toHexStr(hexInt) + hexStr
12          decInt = decInt // 16
13      return hexStr
14
15  decInt = eval(input("请输入一个十进制整数:"))
16  hexStr = decToHex(decInt)
17  print("十进制数{}转换为十六进制数为:{}".format(decInt,hexStr))
```

运行结果如下。

请输入一个十进制整数:245
十进制数 245 转换为十六进制数为:F5

该程序采用了嵌套调用函数。程序中定义了两个函数,函数 decToHex() 的功能是将十进制数转换为十六进制数。在转换过程中,需要将得到的余数转换为对应的十六进制字符。由于该功能相对独立,因此将其封装为函数 toHexStr(),并在 decToHex() 函数中予以调用。当余数为 0~9 时,只需要用内置函数 str() 直接将其转换为字符串类型即可;当余数为 10~15 时,则需要将其转换为对应的 A~F 字符。例如若余数为 14,则应转换为字符 E。

3. 多返回值函数

例 5.3 和例 5.4 中的函数只有一个返回值,实际上,函数也可以有多个返回值。下面通过例 5.5 介绍多返回值函数。

【例 5.5】 求两个整数的最大公约数和最小公倍数。

分析:由于最小公倍数为两个数的乘积除以最大公约数,因此该题的核心是求最大公约数。求最大公约数的方法有很多,这里采用辗转相除法(又称欧几里得算法),它是一种典型的迭代算法,具体步骤是:用较大数除以较小数,再用出现的余数(第一余数)除以除数,再用新出现的余数(第二余数)除以第一余数,如此反复,直到最后余数是 0 为止。最后得到的除数就是这两个数的最大公约数。

以 15 和 9 为例。

第 1 步计算 15％9,余数为 6。

第 2 步计算 9％6,余数为 3。

第 3 步计算 6％3,余数为 0。

算法结束,最大公约数为 3。辗转相除法的执行流程如图 5-5 所示。

程序代码如下。

```
1   def calGcdLcm(m, n):
2       a, b = m, n
3       if a <b:
4           a, b = b, a                #a存放大数
5       while b !=0:
6           temp = a %b
7           print("余数为:",temp)
8           a = b
9           b = temp
10      gcd = a                        #最大公约数
11      lcm = int(m * n / gcd)         #最小公倍数
12      return gcd, lcm                #多返回值
13
14  x, y = eval(input("请输入两个整数:"))
```

```
15  z1, z2 = calGcdLcm(x, y)
16  print("最大公约数为:{}, 最小公倍数为:{}".format(z1,z2))
```

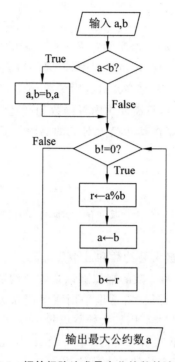

图 5-5　辗转相除法求最大公约数的流程图

由于 calGcdLcm() 函数返回了最大公约数和最小公倍数两个值(第 12 行),因此在主程序中用 z1、z2 两个变量分别接收返回值(第 15 行)。

运行结果如下。

```
请输入两个整数:9,15
余数为: 6
余数为: 3
余数为: 0
最大公约数为:3, 最小公倍数为:45
```

第 15 和 16 行代码可以换成以下代码,输出效果完全相同。

```
15  z = calGcdLcm(x, y)
16  print("最大公约数为:{}, 最小公倍数为:{}".format(z[0], z[1]))
```

多返回值的函数返回的其实是一个元组,元组是一种由圆括号括起来的组合数据类型,例如上面的第 15 行代码返回的就是(3,45),赋值给 z 变量,z[0] 和 z[1] 分别为 3 和 45 这两个元素。关于元组,本书将在第 6 章详细介绍。

5.2 函数的参数

在 5.1 节中,我们初步了解了函数的实参和形参,本节将重点介绍实参和形参的各种形式,包括位置参数和关键字参数、参数默认值以及可变数量参数。

5.2.1 位置参数和关键字参数

图 5-6 是函数调用过程中的参数传递与返回值示意图。结合 5.1 节可以知道,函数定义中给出的是求 x、y 的最大值,但是此时 x、y 并无确定的值,只是形式上有这两个变量而已,因此 x、y 被称为形式参数(形参)。

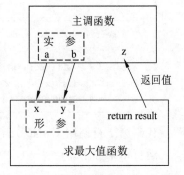

当发生函数调用时,函数形参需要从主调函数那里获取实际的数据,以明确到底求的是哪两个数的最大值。此时主调函数给出的实际数据(放在变量 a、b 中)被称为实际参数(实参)。实参的值在函数调用时会传递给形参。

图 5-6 函数的参数传递与返回值示意

实参有两种类型:位置参数(positional argument)和关键字参数(keyword argument)。默认情况下采用的是位置参数,即按照实参的位置次序依次传值给对应的形参,图 5-6 中采用的就是位置参数,实参 a、b 按照次序依次传值给形参 x、y,此时,实参必须与形参在顺序、个数和类型上相匹配。

当参数较多时,使用位置参数的可读性较差,使用起来很不方便。在这种情况下,可以采用关键字参数,如函数 funStu() 的定义如下。

```
1    >>>def funStu(name, gendor, age, score, city):
2        print("name=",name)
3        print("gendor=",gendor)
4        print("age=", age)
5        print("score=",score)
6        print("city=",city)
```

若使用位置参数,则其正确的函数调用为

```
funStu("Mary","Female",18, 98, "Jinan")
```

但是由于参数较多,一般很难记住它们的顺序。此时就可以使用关键字参数进行函数调用,方法为

```
funStu(name="Mary", age=18, gendor="Female", city="Jinan", score=98)
```

由于在函数调用时指定了相应的关键字(即形参名称),因此实参之间的顺序可以任

意调整,函数的使用会更加容易。

位置参数和关键字参数可以混合使用,但是需要注意：位置参数不能出现在关键字参数之后。例如,使用"funStu("Mary","Female",18, city="Jinan", score=98)"进行函数调用是正确的,但是使用"funStu("Mary", "Female", age=18, 98, "Jinan")"进行函数调用是错误的,原因就在于位置参数(98,"Jinan")不能在关键字参数(age=18)之后出现。

【例 5.6】 求两个二维坐标点之间的欧氏距离,要求实参使用关键字参数。

程序代码如下。

```
1    from math import sqrt
2
3    def f_dist(x1,y1,x2,y2):
4        return sqrt((x1 - x2) ** 2 + (y1 - y2) ** 2)
5
6    a,b,c,d = eval(input("请输入坐标值:"))
7    result = f_dist(x1 = a, x2 = b, y1 = c, y2 = d)
8    print("两点间的欧氏距离为:{:.2f}".format(result))
```

代码第 7 行调用 f_dist()函数时采用的就是关键字参数。

运行结果如下。

```
请输入坐标值:3,8,5,9
两点间的欧氏距离为:6.40
```

5.2.2　参数默认值

定义函数时可以为形参指定默认值。如函数 funStu(name, gendor, age, score, city)中的 city 参数表示学生所在的城市。若将 city 的默认值设定为 Beijing,那么在函数调用时,如果其对应的实参缺省,则形参会自动取其默认值。

修改 funStu()的函数头为

```
def funStu (name, gendor, age, score, city="Beijing"):
```

即为 city 指定了默认值 Beijing,其函数调用可以采用如下方式。

```
funStu ("Liming","Male",19, 87)
```

运行结果如下。

```
name=Liming
gendor=Male
age=19
score=87
city=Beijing
```

由此可见,即使实参只给出了前 4 个参数,但由于最后一个参数已经指定了默认值,因此执行时也不会出错。

另外,在指定了默认值的情况下,如果函数调用时有实参值传过来,则形参仍然会接收对应的实参值,这时默认值失效,如下面的函数调用。

```
funStu ("Liming","Male",19, 87,"Tianjin")
```

其输出结果为

```
name=Liming
gendor=Male
age=19
score=87
city=Tianjin
```

即形参 city 的值是实参传过来的 Tianjin,而不是其默认值 Beijing。

注意:函数定义时带默认值的参数必须在不带默认值的参数的后面,例如,"def funStu (name, gendor, age = 19, score, city = "Beijing")",这样的函数头定义是错误的。

【例 5.7】 改进例 5.6,求两点之间的欧氏距离。若只给定一个点的坐标,则计算该点到原点的欧几里得距离。

分析:一般情况下,求两点之间的距离需要给定两个点的坐标。若在只给定一个点的坐标时程序也能顺利运行,则应该给另一个点的坐标指定默认值(此处为原点坐标)。

程序代码如下。

```
1    from math import sqrt
2
3    def f_dist(x1, y1, x2 = 0, y2 = 0):
4        return sqrt((x1 - x2) ** 2 + (y1 - y2) ** 2)
5
6    a, b, c, d = eval(input("请输入坐标值:"))
7    z = f_dist(a, b)
8    print("({},{})与原点的距离为:{:.2f}".format(a, b, z))
9    z = f_dist(a, b, c, d)
10   print("({},{})与({},{})间的距离为:{:.2f}".format(a, b, c, d, z))
```

执行结果如下。

```
请输入坐标值:3,6,8,9
(3,6)与原点的距离为:6.71
(3,6)与(8,9)间的距离为:5.83
```

程序第 3 行将函数最后两个形参的默认值设置为 0(原点坐标)。由于第 7 行语句的函数调用只给出了两个实参(传给形参 x1 和 y1),因此形参 x2 和 y2 会取默认值 0,此时计算的实际上是第一个点(3,6)与原点的距离。第 9 行的函数调用给出了全部 4 个实参,故形参会接收实参传过来的值,计算的是点(3,6)与点(8,9)之间的距离。

5.2.3 可变数量参数

有些情况下,在函数定义时并不能确定参数的具体数量,这时就可以使用可变数量参数。Python 允许在形参名前加"＊"实现可变数量参数,但要注意可变数量参数只能出现在形参列表的最后。

【例 5.8】 有 3 个小组参加体能测试,各小组的人数分别为 5、6、3。给定个人成绩,编程计算各小组的平均成绩。

程序代码如下。

```
1   def calAvg(x, * y):
2       count = 1
3       for s in y:                  #遍历 y 中的每个元素
4           x += s                   #计算成绩总和
5           count += 1               #统计个数
6       return round(x / count, 1)   #返回平均值
7
8   print("第一组平均值为：",calAvg(98,86,78,82,68))
9   print("第二组平均值为：",calAvg(77,69,85,91,73,59))
10  print("第三组平均值为：",calAvg(88,72,63))
```

函数 calAvg()用来求各小组的平均成绩。由于各小组的人数是不固定的,因此在函数定义中使用了可变数量参数"＊y"。当调用"calAvg(98,86,78,82,68)"时,实参 98 传给形参 x,其余实参(86,78,82,68)作为一个元组传给形参 y。代码第 3～5 行依次遍历元组 y 中的每个元素进行求和,最后返回平均值。如前所述,元组是一种组合数据类型,本书将在第 6 章详细介绍。

程序运行结果如下。

```
第一组平均值为: 82.4
第二组平均值为: 75.7
第三组平均值为: 74.3
```

5.3 递 归 函 数

一个函数可以调用其他函数,那么它可不可以调用它自身呢? 答案是可以的。若一个函数在它的内部调用自身,并能在一定条件下停止调用,就称为函数的递归调用,包含递归调用的函数被称为递归函数。递归是一种典型算法,其基本思想是"自己调用自己"。

求 n 的阶乘是一个经典的递归例子,下面以此为例分析递归的流程。

已知 n!的定义为

$$n!=n \cdot (n-1) \cdot (n-2) \cdots \cdots 3 \cdot 2 \cdot 1$$

通过对上述公式的分析,又可得到 n!＝n·(n−1)!。

以 n＝5 为例,推导如下。

$$5!=5\times4!$$
$$4!=4\times3!$$
$$3!=3\times2!$$
$$2!=2\times1!$$
$$1!=1$$

综上可得计算阶乘的递推公式为

$$n!=\begin{cases}1 & n=0,1\\ n(n-1)! & n>1\end{cases}$$

该公式给出了计算阶乘的另一种思路。一个合法的递归包含两个部分:基例和递归链。基例是已知的确定值,是结束递归过程的条件,通常存在一个或多个基例以保证递归不会无限进行下去。如 0!＝1 和 1!＝1 就是该递归的基例。每一次递归调用都会使问题的求解朝着接近基例的方向推进。

图 5-7 为求 5 的阶乘的递归过程分析。

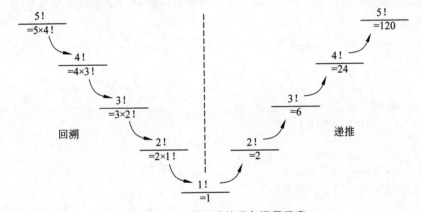

图 5-7　求 5 的阶乘的递归调用示意

上述求解过程以基例为分界线可分为两个阶段。第一阶段是回溯过程,要想得到 5 的阶乘,必须先求 4 的阶乘;要想得到 4 的阶乘,必须先求 3 的阶乘,以此类推,一直回溯至 1 的阶乘,由于已知 1!＝1,所以回溯结束。第二个阶段为递推过程,由已知的基例 1!＝1 推出 2!＝2,再推出 3!＝6,以此类推,直到推出最后的结果 5!＝120 为止。

【例 5.9】　用递归方法求 n 的阶乘。

程序代码如下。

```
1   def fact(n):
2       if n ==0 or n ==1:
3           f = 1
4       else:
5           f = n * fact(n - 1)
6       return f
```

```
7
8    num = eval(input("请输入一个非负整数:"))
9    if num < 0:
10       print("输入数据错误!")
11   else:
12       print("{}的阶乘是{}".format(num, fact(num)))
```

执行两次程序,结果如下。

```
请输入一个非负整数:5
5 的阶乘是 120
```

```
请输入一个非负整数:-6
输入数据错误!
```

【例 5.10】 从键盘接收一个字符串,用递归法判断该字符串是否是回文串。例如 "abcba"是回文串,而"abcde"不是回文串。

分析:要想判断一个字符串是否是回文串,只需要将字符串反转后与原来的字符串进行比较,如果相等则是回文串,否则不是。字符串反转可以采用递归方法实现。

代码如下。

```
1    def rev(s):
2        if s == "":
3            return s
4        else:
5            return rev(s[1:]) + s[0]
6
7    string = input("请输入一个字符串:")
8    if string == rev(string):
9        print(string + "是回文串!")
10   else:
11       print(string + "不是回文串!")
```

代码第 1~5 行的 rev()函数通过递归调用实现了字符串的反转。

执行两次程序,结果如下。

```
请输入一个字符串:abc12321cba
abc12321cba 是回文串!
```

```
请输入一个字符串:abcdef
abcdef 不是回文串!
```

【例 5.11】 利用递归函数绘制一棵二叉树。

分析:一棵二叉树包括一个树干和左右两个分枝;左分枝同样也有自己的树干和左右分枝,右分枝也是如此。以此类推,每个分枝都可以看成是一棵子树。一棵二叉树实际上就是一个递归结构,因此可以利用递归函数实现二叉树的绘制。二叉树的绘图效果如图 5-8 所示。

程序代码如下。

```
1   import turtle as t
2
3   def drawTree(length, angle):
4       if length >5:                        #设置递归条件
5           t.forward(length)                #绘制树干
6           t.right(angle)
7           drawTree(length - 7,angle)       #绘制右分枝,树枝长度减 7
8           t.left(2 * angle)
9           drawTree(length - 7,angle)       #绘制左分枝,树枝长度减 7
10          if length <30:
11              t.pencolor("green")          #树梢部分用绿色画笔绘制
12          t.right(angle)
13          t.backward(length)               #返回之前的位置
14          t.pencolor("black")
15
16  def main():
17      length = 80; angle = 20              #设定树干长度、分枝与垂线夹角
18      t.penup()
19      t.goto(0, -200)
20      t.pendown()
21      t.seth(90)
22      drawTree(length, angle)
23      t.done()
24
25  main()
```

运行结果如图 5-8 所示。

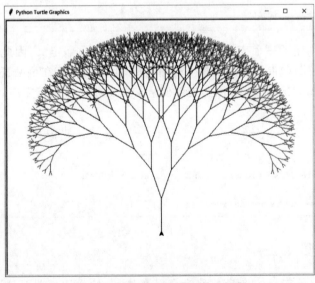

图 5-8 例 5-11 程序绘制的二叉树

该程序定义了两个函数。drawTree()函数实现了采用递归方式绘制二叉树的功能。main()函数中包括初始化设置和调用 drawTree()函数等一系列功能,通常称为主函数。主函数负责程序的统筹调度,是整个程序的顶层模块。引入 main()函数更符合模块化设计思想,它使得程序的全部代码都由函数组成,提高了代码的可读性。

通过修改树的长度 length、分枝角度 angle 和每次树枝递减长度等参数,可以绘制出不同形状和疏密度的二叉树。

综上,递归是计算机科学中十分重要的一个概念,是一种通过重复将问题分解为同类的子问题以解决问题的方法。采用递归算法编写的程序代码更简洁清晰,可读性更好,但是递归算法的时间开销和空间开销比较大。

5.4　变量的作用域

变量的作用域是指变量的有效作用范围,即该变量可以被引用的程序区域。根据作用域的不同,变量可分为局部变量和全局变量两种。

5.4.1　局部变量

在一个函数内部定义的变量被称为局部变量,它仅在本函数范围内有效,即在本函数以外不能使用这些变量。局部变量的作用域是从创建该变量的位置直到本函数结束。函数的形参也是局部变量。

【例 5.12】　分析下列代码,理解局部变量的作用域。

```
1   def f1():
2       x = 20
3       print("In f1:x=",x)
4
5   f1()
6   print("Out f1:x=",x)
```

程序第 2 行创建了一个变量 x,由于它在函数 f1()内部定义,因此 x 是一个局部变量。第 3 行在函数 f1()内部引用变量 x 是可行的,但是第 6 行在函数外试图引用局部变量 x 就会出现 NameError 错误,因为局部变量 x 在函数 f1()执行完毕后会被释放。

执行结果如下。

```
In f1:x=20
Traceback (most recent call last):
  File "C:/Users/94046/Documents/5.12.py", line 6, in <module>
    print("Out f1:x=",x)
NameError: name 'x' is not defined
```

5.4.2　全局变量

在所有函数之外定义的变量被称为全局变量,它的作用域为从该变量的定义处开始,到本程序的末尾为止。

【例 5.13】 分析下列程序代码,理解全局变量的作用域。

```
1   x = 10
2
3   def f1():
4       print("In f1:x=",x)
5
6   f1()
7   print("Out f1:x=",x)
```

第 1 行定义的 x 是全局变量,因为它不属于任何函数。全局变量既可以在函数内部引用(如第 4 行),也可以在函数外部引用(如第 7 行)。

执行结果如下。

```
In f1:x=10
Out f1:x=10
```

【例 5.14】 修改例 5.13,理解同名的全局变量和局部变量的作用域。

在程序的第 4 行插入一条新语句"x=20",代码如下。

```
1   x = 10                          #此 x 是全局变量
2
3   def f1():
4       x = 20                      #此 x 是新定义的局部变量
5       print("In f1:x=",x)
6
7   f1()
8   print("Out f1:x=",x)
```

程序第 1 行定义 x 为全局变量,而第 4 行在函数 f1()内又将 20 赋值给变量 x。那么,第 4 行的 x 是全局变量 x 本身,还是一个新的局部变量呢?答案是:第 4 行的 x 是一个新的局部变量。

当局部变量与全局变量重名时,局部变量会暂时屏蔽同名的全局变量,因此在函数 f1()内起作用的是局部变量 x(其值为 20);当函数 f1()调用结束后,局部变量会被释放,这时全局变量会起作用,因此第 8 行输出的是全局变量 x 的值(其值为 10)。

执行结果如下。

```
In f1:x=20
Out f1:x=10
```

如果希望在函数 f1()内给全局变量 x 赋新值,而不是生成一个新的局部变量,就需要在 f1()内使用变量 x 之前显式声明 x 为全局变量。修改后的代码如下。

```
1   x = 10
2
```

```
3   def f1():
4       global x                            #声明 x 为全局变量
5       x = 20
6       print("In f1:x=",x)
7
8   f1()
9   print("Out f1:x=",x)
```

第 4 行新增了一条语句"global x"，即声明 x 为全局变量，这样第 5 行访问的是全局变量 x，而不是新的局部变量，其运行结果如下。

```
In f1:x=20
Out f1:x=20
```

此外，也可以在函数内定义全局变量，并在函数外使用它。

全局变量的作用范围广，使用灵活。但是由于在任意函数内都可以修改全局变量的值，破坏了函数的封装性，降低了程序的可靠性和通用性，因此编程时应尽量减少全局变量的使用。若必须使用全局变量，则不建议在函数内修改它的值。

5.5　lambda 函数

lambda 函数又称匿名函数，用保留字 lambda 定义，用来定义简单的、能够在一行内表示的函数，其语法格式为

```
[函数名 =] lambda <参数列表>:<表达式>
```

lambda 函数能接收任意数量的参数，但只能返回一个表达式的值。例如：

```
1   >>>f = lambda a, b: a * b
2   >>>f(4,5)
3   20
```

第 1 行定义了一个 lambda 函数。其中，f 是函数名，a、b 是参数，a * b 是表达式。第 2 行调用了 lambda 函数，调用方式与常规函数相同。

上述代码等价于下列形式。

```
1   >>>def f(a,b):
2       return a * b
3   >>>f(4,5)
4   20
```

lambda 函数不仅能够简化代码，还可以用在列表内部等常规函数无法使用的场合。

5.6　Python 内置函数

Python 内置函数是指可以直接使用且不需要引用库的函数。Python 提供了 68 个内置函数，如表 5-1 所示。其中，用粗体标识的是最常用的 36 个内置函数。

表 5-1　Python 内置函数

abs()	**dict()**	help()	**min()**	setattr()
all()	dir()	**hex()**	next()	slice()
any()	**divmod()**	**id()**	object()	**sorted()**
ascii()	enumerate()	**input()**	**oct()**	staticmethod()
bin()	**eval()**	**int()**	**open()**	**str()**
bool()	exec()	isinstance()	**ord()**	**sum()**
bytearray()	filter()	issubclass()	**pow()**	super()
bytes()	**float()**	iter()	**print()**	**tuple()**
callable()	format()	**len()**	property()	**type()**
chr()	frozenset()	**list()**	**range()**	vars()
classmethod()	getattr()	locals()	repr()	**zip()**
compile()	globals()	map()	**reversed()**	__import__()
complex()	hasattr()	**max()**	**round()**	
delattr()	**hash()**	memoryview()	**set()**	

下面简要介绍常用的 36 个内置函数，其中的大部分函数已经在之前的章节中介绍过。

bool()、int()、float()、complex()为类型转换函数，其中，bool()函数用于将给定参数转换为布尔类型。

abs()、divmod()、round()、pow()、max()、min()为数值运算函数。

str()、chr()、ord()、oct()、hex()、bin()为字符串处理函数，其中，bin()函数用于返回一个整数对应的二进制数的字符串形式。

input()、print()为输入和输出函数。

range()函数用来生成一个数字序列。

eval()函数用来解析和执行一个字符串表达式，并返回表达式的值。

ascii()函数用来返回一个表示对象的字符串。

type()函数用来返回对象的类型。

id()函数用来返回对象的唯一标识（一个整数），在 CPython 中用于获取对象的内存地址。

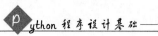

hash()用于获取一个对象(字符串或者数值等)的哈希值。

open()函数用于打开一个文件。

部分内置函数的示例如下。

```
1    >>>bool(0)
2    False
3    >>>bool(5)
4    True
5    >>>bin(12)
6    '0b1100'
7    >>>ascii(123.45)
8    '123.45'
9    >>>x=12.34
10   >>>type(x)
11   <class 'float'>
12   >>>id(x)
13   65905232
14   >>>hash(x)
15   1417338564
```

还有很多内置函数与组合数据类型(如列表、元组等)相关。组合数据类型将在第6章详细介绍,这里先给出一些简单的说明与示例。

set()函数用来创建一个无序、不重复的元素集合。

list()函数用于将元组或字符串转换为列表。

tuple()函数用来将可迭代系列(如列表)转换为元组。

dict()函数用于创建一个字典。

reversed()函数是返回序列的反向访问的迭代器。

sorted()函数用来对所有可迭代的对象进行排序操作。

sum()函数用来对一个可迭代对象的所有元素求和,该对象一般是集合、元组或列表等组合数据类型。

len()函数返回对象(如字符、列表、元组等)的长度。

all()函数用于判断给定的可迭代参数(列表或元组)中的所有元素是否全部为 True,如果是则返回 True,否则返回 False。元素除了 0、空串、False 外都是 True。

any()函数用于判断给定的可迭代参数(列表或元组)中的所有元素是否全部为 False,如果是则返回 False,如果有一个为 True,则返回 True。元素除了 0、空串、False 外都是 True。

zip()函数用于将可迭代的对象作为参数,将对象中对应的元素打包成一个个元组,然后返回由这些元组组成的列表。

5.7 综合实例——家庭理财计划

假定一个家庭有 50 万元闲置资金,理财期限为三年,有以下两种储蓄方案。

① 一年定期,到期后再自动转存一年,以此类推直到期满为止。

自动转存应采用复利法计算利息。若一年定期的利率是 1.75，则三年后的本息和为

$$total = amount \times (1 + rate)^{year}$$

其中，amount 为本金，rate 为利率，year 为存款年限。

② 三年定期。

应采用单利法计算利息。若三年定期的利率是 2.75，则其本息和为

$$total = amount + amount \times rate \times year$$

请问上述两种方案哪种收益更高？试编写程序进行验证。

【例 5.15】　编写程序，提示用户输入本金（例如 50 万元），一年定期利率（如 1.75%）和三年定期利率（如 2.5%）。计算并输出两种存款方案到期后的本息和，并判断哪种方案收益更高。

分析：程序主要涉及 3 个主要功能：计算一年期自动转存的本息和，计算三年期的本息和，判断哪种方案收益更高。可以分别用 3 个函数实现上述功能，并在主函数中依次调用以控制程序流程。

程序代码如下。

```
1   def fun1(amount,rate,year):              #计算一年期自动转存的本息和
2       total = amount * pow((1 + rate / 100),year)   #复利法
3       return round(total,4)
4
5   def fun3(amount,rate,year):              #计算三年期本息和
6       total = amount + amount * rate / 100 * year   #单利法
7       return round(total,4)
8
9   def funJudge(x,y):                       #判断哪种方案收益更高
10      if x >=y:
11          print("一年定期自动转存的本息和更高!")
12      else:
13          print("三年定期的本息和更高!")
14
15  def main():
16      amount = eval(input("请输入本金金额(万):"))
17      rate1 = eval(input("请输入一年期利率(%):"))
18      rate3 = eval(input("请输入三年期利率(%):"))
19      result1 = fun1(amount,rate1,3)
20      result3 = fun3(amount,rate3,3)
21      print("一年定期自动转存的本息是:{}万".format(result1))
22      print("三年定期的本息是:{}万".format(result3))
23      funJudge(result1,result3)
24
25  main()
```

运行结果如下。

```
请输入本金金额(万):50
请输入一年期利率(%):1.75
```

```
请输入三年期利率(%):2.75
一年定期自动转存的本息是:52.6712万
三年定期的本息是:54.125万
三年定期的本息和更高!
```

显然,三年定期储蓄的收益更高。

本 章 小 结

本章以函数和代码复用为中心,首先介绍了函数的基本概念、函数定义和函数调用,然后讲解了位置参数和关键字参数、参数默认值与可变数量参数,接着介绍了函数的递归调用、全局变量与局部变量,简单介绍了 lambda 函数与内置函数,最后给出了一个家庭储蓄实例以帮助读者加深对本章内容的理解。

本 章 习 题

5.1 填空题。

(1) Python 中定义函数的关键字是_____。

(2) 在函数内部可以通过关键字_____定义全局变量。

(3) 函数执行语句"return 3,6,7"后的返回值是_____。

(4) 如果函数中没有 return 语句或者 return 语句不带任何返回值,那么该函数的返回值为_____。

(5) 已知 f = lambda x, y=3, z=5:x+y+z,那么表达式 f(2)的值为_____。

(6) 实参有两种类型:_____和_____。

(7) Python 允许在形参名前加_____实现可变数量参数。

(8) 若一个函数在它的内部调用自身,并能在一定条件下停止调用,则称为函数的_____。

(9) 若在函数体内定义的变量没有特殊说明,则均属于_____,在函数外定义的变量是_____。

5.2 读下列程序,写出程序的运行结果。

(1)

```
1   def f(x=3,y=0):
2       return x-y
3   z = f()
4   print(z)
5   z = f(5)
6   print(z)
7   z = f(5,1)
8   print(z)
```

(2)

```
1   def f(x = 3, y = 1):
2       return x * y
3   z=f(y = f(), x = 5)
4   print(z)
```

(3)

```
1   counter = 1
2   num = 0
3   def func():
4       num = 10
5       global counter
6       for i in (1,2,3):
7           counter += 1
8   func()
9   print("counter=",counter)
10  print("num=",num)
```

(4)

```
1   counter=1
2   num=0
3   def func():
4       num = 10; counter = 0
5       for i in (1,2,3):
6           counter += 1
7   func()
8   print("counter=",counter)
9   print("num=",num)
```

(5)

```
1   def funSum(*p):
2       s = 0
3       for n in p:
4           s += n
5       return s
6   print(funSum(3, 5, 8))
7   print(funSum(8))
8   print(funSum(8, 2, 10))
```

(6)

```
1   def funSort(n1,n2):
2       if n1 >n2:
3           return n1,n2
4       else:
```

```
5           return n2,n1
6    m1,m2 = funSort(4,7)
7    print(m1,m2)
8    m1,m2 = funSort(9,5)
9    print(m1,m2)
```

5.3 程序设计：分别定义函数，实现如下功能。

（1）输出"How do you do!"。

（2）求 3 个整数中的最小值。

（3）求半径为 r 的圆的面积。

（4）把小写字母转换成大写字母。

编写一个程序，实现对上述函数的调用。

5.4 程序设计：从键盘输入 10 个整数，统计其中奇数和偶数的个数并输出。

5.5 程序设计：用函数定义阶乘，并求解 $1!+2!+\cdots+n!$。

提示：把求一个数的阶乘写成函数，在主函数中调用阶乘函数完成连加。可以用以下两种方法设计阶乘。

（1）用简单的循环累积计算阶乘。

（2）用递归计算阶乘。

5.6 程序设计：给定三边，用函数实现如下功能。

判断此三边能否构成三角形。如能构成，则求所构三角形的面积和周长；否则提示错误。

提示：把判断是否是三角形、求三角形周长、求三角形面积分别用 3 个函数实现，在主程序中输入三边边长并调用上述函数，以完成相关功能要求。

5.7 程序设计：改进习题 5.6，为三边边长指定默认值均为 1。用不同的实参多次进行函数调用，体会默认值的作用。

5.8 程序设计：用可变数量参数编写函数，求任意多个数（至少一个数）的平均值。分别用不同数量的参数调用该函数，查看运行结果并体会可变数量参数的优势。

5.9 程序设计：写一个函数，求一个非负整数的各个数字之和。例如，43257 的各个数字之和为 $4+3+2+5+7=21$。在主程序中调用该函数并输出结果。

5.10 程序设计：编写一个实现 3 个数由小到大排序的函数，多次调用该函数测试其输出结果。

5.11 程序设计：编程实现下列图形的输出，要求从键盘输入图形的行数，运行示例如下。

```
请输入一个正整数:5
1
21
321
4321
54321
```

5.12　程序设计：写一个函数，用来判断某数是否是"水仙花数"。水仙花数是指一个 3 位数，其各位数字的立方和等于该数本身。例如，153 是一个水仙花数，因为 $153 = 1^3 + 5^3 + 3^3$。在主程序中，用循环结构调用上述函数输出所有水仙花数和它们的和，体会定义形参和使用 return 语句的好处。（提示：153，370，371，407 为水仙花数）

5.13　程序设计：斐波那契数列（Fibonacci Sequence）又称黄金分割数列，因数学家莱昂纳多·斐波那契以兔子的繁殖为例引入，故又称"兔子数列"，它是这样一个数列：1、1、2、3、5、8、13、21、34…，即从第 3 项开始，数列的每项都等于前两项之和。在数学上，斐波那契数列可用递推的方法定义为

$$F(1) = 1, F(2) = 1, F(n) = F(n-1) + F(n-2)(n \geqslant 3, n \in N)$$

编写程序，从键盘输入正整数 n，计算该数列第 n 项的值并输出。

5.14　程序设计：判断一个整数是否为质数的函数 isPrime(n)，如果 n 是质数，返回 True，否则返回 False。调用该函数完成以下功能：用户输入一个整数，判断其是否为质数，重复这个过程，直到用户输入 0 为止。

5.15　程序设计：汉诺塔问题是一个经典的递归案例，该问题起源于一个印度传说。据说大梵天创造世界时制作了 3 根金刚石柱子，在一根柱子上从上往下、从小到大顺序摆着 64 片黄金圆盘。大梵天命令人们把圆盘从下面开始按大小顺序重新摆放到另一根柱子上，并且规定：在小圆盘上不能放大圆盘，在 3 根柱子之间一次只能移动一个圆盘，且只能移动位于最顶端的圆盘。

图 5-9 给出了汉诺塔问题的示意图，其中 3 根柱子分别用 A、B、C 标识。

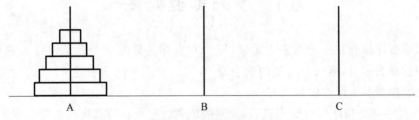

图 5-9　汉诺塔问题示意图

该问题可归结为将 A 柱上的所有圆盘按照规则移动至 C 柱，可借助 B 柱完成。请用 Python 语言编写一个递归函数实现汉诺塔问题的移动，要求从键盘输入汉诺塔的层数，并输出移动的整个流程和总次数。

第 6 章

组合数据类型

组合数据类型是 Python 中最基本的数据结构,它可以存放多个数据元素。Python 中常用的组合数据类型有序列(包括字符串、列表、元组)、集合和字典。另外,range()、map()、filter()等函数的返回值也类似于序列。

每种数据结构都有自身的特点,例如有序、可变的列表,同样有序但不可变的元组,无序、元素唯一的集合,键-值有序对组成的字典。这些特点导致了它们的结构、访问形式、运算规律等各不相同,熟练掌握每种结构的特点,并且在程序中恰当使用会使程序代码更加简洁,使程序功能更加强大。

6.1 序列类型概述

序列指有序排列在一起的多个元素,每个元素都会分配一个数字以代表它的位置,这个数字被称为索引,第一个元素的索引是 0,第二个元素的索引是 1,以此类推。序列可分为可变序列和不可变序列。

① 可变序列是指序列对象创建后,元素的值、数目、位置等都可以改变。列表是可变序列的典型代表。

② 不可变序列是指序列一旦创建便不可修改,不可变序列包括元组和字符串。

这些序列都有一些通用的操作,包括索引、切片、加、乘、成员检查等。

6.1.1 操作符

序列的通用操作符如表 6-1 所示。

表 6-1 序列通用操作符

操作符	功　能	示　例
a in x	判断 a 是否是序列 x 的元素,是返回 True,不是返回 False	3 in [1,2,3,4]值为 True
a not in x	判断 a 是否是序列 x 的元素,不是返回 True,是返回 False	5 not in [1,2,3]值为 True

续表

操作符	功　　能	示　　例
x1 + x2	将序列 x1 和 x2 连接	[1,2] + [4,5,6]生成新序列[1,2,4,5,6]
x * a	将序列 x 的长度扩大 a 倍	[1,2,3] * 2 生成新序列 [1,2,3,1,2,3]

组合类型集合和字典也有成员资格判断 in/not in 的操作。但对于"+"和"*"操作，只有序列才有，并且在使用"+"操作符时，运算符两边的序列类型必须是一样的。例如：

```
1    >>>x = [1,2,3]
2    >>>s = 'abc'
3    >>>x + s
4    TypeError: can only concatenate str (not "list") to str
```

因为 x 和 s 类型不同，所以代码在运行到第 3 行时会弹出第 4 行所示的 TypeError 错误。

"*"运算在实际操作中经常被用来初始化一系列变量。例如将 30 名学生的成绩总分初始化为 0，可以通过下列操作完成。

```
1    >>>total = [0]
2    >>>n = 30
3    >>>n * total
4    [0, 0, 0, 0, 0, 0, 0, 0, 0, 0, 0, 0, 0, 0, 0, 0, 0, 0, 0, 0, 0, 0, 0, 0, 0, 0, 0, 0, 0, 0]
```

6.1.2　索引

在第 3 章中，我们简单介绍过字符串的索引和切片。字符串是 Python 的基本数据类型，同时也是一种序列结构。像大多数编程语言的下标使用一样，Python 序列结构的索引也是从 0 开始。长度为 n 的序列，索引序号从 0 开始，到 n−1 结束。除此之外，Python 引入了负数索引。在引入负数索引的序列中，最后一个元素的索引为−1，倒数第二个索引为−2，依次类推，第一个元素的索引为−n。负数索引的使用使得从尾部开始访问序列的写法很简洁。例如一个序列类型的变量 x，访问序列最后一个元素只需要用 x[−1]即可，无须使用复杂的表达式，如 x[len(x)−1]。

序列的正负索引如图 6-1 所示。表格中的下标为正索引，表格下方的数字为负索引。

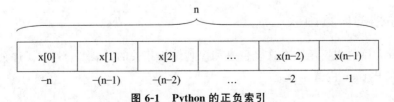

图 6-1　Python 的正负索引

6.1.3 切片

切片是用来获取列表、元组、字符串等有序序列中部分元素的一种语法。在形式上，切片使用被两个冒号分隔的 3 个数字完成，其基本语法为

```
[start:end:step]
```

其中，第一个数字 start 表示切片的开始位置，默认为 0；第二个数字 end 表示切片的截止位置（但不包含），默认为列表的长度；第三个数字 step 表示切片的步长，默认为 1，省略步长时还可以同时省略最后一个冒号。极端的情况是：当 step 为负整数时，表示反向切片。在实际使用时，可以通过将步长设置为−1 对序列进行逆序操作。例如：

```
1   >>>x = list(range(11))                        #用 range(11)生成列表
2   >>>x
3   [0, 1, 2, 3, 4, 5, 6, 7, 8, 9, 10]
4   >>>x[::-1]                                     #取列表逆序
5   [10, 9, 8, 7, 6, 5, 4, 3, 2, 1, 0]
6   >>>x[::]                                       #取列表全部元素
7   [0, 1, 2, 3, 4, 5, 6, 7, 8, 9, 10]
8   >>>x[1:5:2]
9   [1,3]
10  >>>x[2::2]
11  [2, 4, 6, 8, 10]
```

在使用切片时，起始位置、终止位置以及步长都可以在有效范围内任意取值。图 6-2 展示了第 10 行代码"x[2::2]"的各个参数、切片的形态以及最终结果。

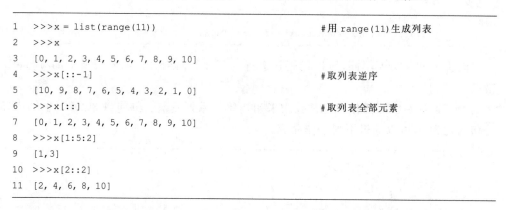

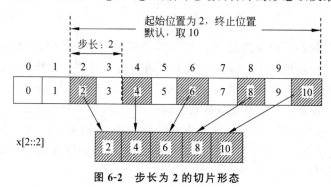

图 6-2　步长为 2 的切片形态

6.1.4 序列的内置函数

第 5 章介绍的内置函数有许多也是和序列结构相关的。表 6-2 列举了序列结构共同使用的一些 Python 内置函数。

表 6-2 用于序列对象的内置函数

函　　数	功　　能
min(x)	求序列 x 的最小值
max(x)	求序列 x 的最大值
sum(x[,a])	求序列 x 和 a 的和。sum 不支持字符串类型
len(x)	返回序列 x 的长度
sorted(x[,reverse])	对序列 x 进行排序,返回值为排序后的列表,不改变 x 本身。reverse 默认为 False,升序排列;reverse 为 True 时,降序排列
reversed(x)	返回 x 中所有元素逆序(即元素转置)之后的可迭代对象
enumerate(x[, start])	返回 x 中每个元素的 index 值和 item 值组成的对象。start 默认值为 0
zip(a, b)	返回由 a 和 b 序列组成的元组。元组包含的元素个数取决于参数中最短的那个序列

　　min()、max()、sum()、len()函数在前面的章节中都有提及,这些函数同样也可以用于序列对象,这里不再举例。

　　sorted()函数可以对序列进行排序,前提是序列元素的值是同种类型可以比较的。例如:

```
1  >>>a=[12,45,2,5]
2  >>>sorted(a)              #返回升序排列之后的新列表,默认 reverse 参数为 False
3  [2, 5, 12, 45]
4  >>>sorted(a,reverse=True)  #reverse 参数为 True,返回降序排列之后的新列表
5  [45, 12, 5, 2]
6  >>>a                       #sorted()排序不影响原列表的值
7  [12, 45, 2, 5]
```

　　enumerate(x)函数用于同时返回由可迭代(Iterable)对象 x 的每个元素的 index 值和元素本身的值组成的对象,可调用 list()或 tuple()函数将其转换成列表或者元组。例如:

```
1  >>>a = [12,45,2,5]
2  >>>enumerate(a)
3  <enumerate object at 0x0000000002CCC080>
4  >>>list(enumerate(a))         #将 enumerate(a)的返回值转换成列表
5  [(0, 12), (1, 45), (2, 2), (3, 5)]
6  >>>list(enumerate(a ,start = 3)) #设置 start 的值时,索引值从 start 开始
7  [(3, 12), (4, 45), (5, 2), (6, 5)]
```

　　所谓可迭代对象,即为可以通过 for 循环遍历读取每个数据元素供用户使用的对象。在第 3 章讲解字符串时介绍过字符串的遍历,在第 4 章讲解循环结构时介绍过 range()结构的遍历,对于本章中的列表、元组、集合、字典这些组合数据结构,都可以用 for 循环

进行元素遍历,即它们都是可迭代对象。

　　enumerate(x)函数在需要序列值加序号输出的情况下非常便捷。例如:

```
1    >>>b = ['one','two','three','four']
2    >>>for i,x in enumerate(b):
3        print(i,x)
4
5    0 one
6    1 two
7    2 three
8    3 four
```

同样的功能如果用普通遍历循环进行处理,则稍显麻烦。例如:

```
1    >>>b = ['one','two','three','four']
2    >>>i = 0
3    >>>for x in b:
4        print(i,x)
5        i += 1
```

　　zip()函数可以将两个对象中对应的元素分别打包成元组,可以用 list()函数将其转换为由这些元组组成的列表。如果两个对象的元素个数不一致,则返回序列的长度与较短的对象相同。zip()函数还可以通过在可迭代对象前添加"＊"操作符作为参数,将元组解压为列表。例如:

```
1    >>>a = [1,2,3]
2    >>>b = ['a','b','c','d','e']
3    >>>zip(a,b)
4    <zip object at 0x0000000002F79CC0>
5    >>>list(zip(a,b))
6    [(1, 'a'), (2, 'b'), (3, 'c')]        #结果列表元素的个数和较短列表 a 相同
7    >>>x = list(zip(a,b))
8    >>>list(zip(＊x))                      #用＊x 作为 zip()参数进行解压操作
9    [(1, 2, 3), ('a', 'b', 'c')]          #解压结果元素为由 a、b 元素(b 为部分元素)组成的元组
```

6.2　列　　表

　　列表是 Python 中最常用的内置序列,是一个有序、可变、可迭代的组合数据类型,在 Python 中的用途非常广泛,使用列表可以提高代码的书写效率,增加代码的质量。

　　列表的所有元素放在一对方括号([])中,元素之间用逗号分隔。只有一对方括号而没有值的列表被称为空列表。非空列表中的数据元素类型既可以相同,也可以各不相同,既可以是整数、实数、字符串等基本类型,也可以是列表、元组、集合、字典,甚至可以是其他用户自定义类型的对象。例如,以下列表对象都是合法的。

```
[1,2.2, 2.4,'aaa',100],[],[[1,2,3],0.01,('a','b','c'),"zhangsan",{1,2,3}]
```

6.2.1 列表的创建与删除

列表的创建可以通过两种途径完成。

第一种方法是使用赋值"="直接将一个列表赋值给变量创建列表对象,例如:

```
1   >>>lst1 = []                                    #空列表
2   >>>lst2 = [1,2,3]
3   >>>lst3 = [[1,2,3],0.01,('a','b','c'),"zhangsan",{1,2,3}]
```

第二种方式是使用 list()函数将 range 对象、字符串等可迭代对象类型的数据转换为列表,例如:

```
1   >>>lst1 = list(range(6))
2   >>>lst2 = list('hello world')
```

需要特别说明的是,当字典(字典结构的具体介绍请参阅 6.5 节)转换为列表时会默认将字典的键转换为列表,例如:

```
1   >>>dict1 = {'a': 1, 'b': 2, 'c': 3}             #'a', 'b', 'c'为键,1,2,3为值
2   >>>list(dict1)
3   ['a', 'b', 'c']
```

如果要把字典的元素或者字典的值转换为列表,则需要分别用到字典的两个方法:items()和 values(),例如:

```
1   >>>cList1 = list({'a':1,'b':4,'c':7}.items())   #将字典的元素转换成列表
2   >>>cList1
3   [('a', 1), ('b', 4), ('c', 7)]
4   >>>cList2 = list({'a':1,'b':4,'c':7}.values())  #将字典的值转换成列表
5   >>>cList2
6   [1, 4, 7]
```

当创建完成的列表不再使用时,可以使用 del 命令将其删除,以释放变量所占的内存。

```
1   >>>del lst
2   >>>lst
3   Traceback (most recent call last):
4     File "<pyshell#8>", line 1, in <module>
5   lst
6   NameError: name 'lst' is not defined
```

如代码第 2 行所示,当访问一个已经删除的列表 lst 时,将弹出 NameError 错误提

示,如代码第 3~6 行。

6.2.2 列表元素的访问

列表的访问方式有两种:索引和切片。访问列表的单个元素可以通过直接使用下标索引完成,通过切片可以访问列表的任意子列表。访问运算符包括"[]"和"[:]",前者用于索引,后者用于切片。例如:

```
1    >>>lst = list(range(6))
2    >>>lst
3    [0, 1, 2, 3, 4, 5]
4    >>>lst[2]
5    2
6    >>>lst[2:]
7    [2, 3, 4, 5]
```

索引和切片都可以对列表元素进行访问,但二者稍有区别。当使用下标索引方式访问列表时,如果索引值大于或等于列表长度,则会有溢出错误。例如对上述 lst,当用 lst[7] 进行访问时,则会下标越界,抛出 IndexError 错误。

当采用切片操作时,切片的 start 值和 end 值都可以大于列表长度,甚至 step 值也可以大于列表长度。此时,Python 会自动进行空值或者截断处理,不会因为下标越界而产生异常。例如:

```
1    >>>lst = list('hello python')
2    >>>lst
3    ['h', 'e', 'l', 'l', 'o', ' ', 'p', 'y', 't', 'h', 'o', 'n']
4    >>>lst[80::2]
5    []
6    >>>lst[6:80]
7    ['p', 'y', 't', 'h', 'o', 'n']
8    >>>lst[1:20:40]
9    ['e']
```

当然,在实际操作中,像第 5、9 行这样的操作并没有实际意义,但列表切片的这一特点可以增强程序的健壮性。

也可以通过 for 遍历循环遍历访问列表中的每个元素,例如:

```
1    >>>lst = list('python')
2    >>>for i in lst:
3        print(i,end='\t')
4
5    p    y    t    h    o    n
```

6.2.3 列表常用操作方法

操作列表就是操作列表中的数据元素,最基本的就是其元素的增、删、改、查,本节将顺着这个线索介绍列表的常用操作,并在此基础上介绍一些列表特有的操作。

1. 增加列表元素

表 6-3 列举了向列表增加元素的 3 个常用方法。

表 6-3　列表对象增加列表元素的方法

方　　法	功　　能
append(x)	将 x 追加至列表对象的尾部,不影响列表中已有元素的位置
insert(index, x)	在 index 位置处插入 x,该位置之后的所有元素自动向后移动,索引加 1
extend(ls)	将列表 ls 中所有元素追加至列表对象的尾部,不影响列表中已有元素的位置

从表 6-2 可知,append()和 insert()都可以给列表增加一个新的元素 x。前者将 x 追加到列表尾部,后者将 x 插入指定位置,当 index 的值小于 0 时,将 x 插入原列表第 1 个元素之前;当 index 的值大于或等于列表长度时,将 x 插入原列表的最后,操作效果等同于 append()方法。例如:

```
1  >>>lst = list(range(6))
2  >>>lst
3  [0, 1, 2, 3, 4, 5]
4  >>>lst.append(30)
5  >>>lst
6  [0, 1, 2, 3, 4, 5, 30]
7  >>>lst.insert(3,25)
8  >>>lst
9  [0, 1, 2, 25, 3, 4, 5, 30]
10 >>>lst.insert(100,90)
11 >>>lst
12 [0, 1, 2, 25, 3, 4, 5, 30, 90]
13 >>>lst.insert(-100,100)
14 >>>lst
15 [100, 0, 1, 2, 25, 3, 4, 5, 30, 90]
16 >>>lst.extend([10,20])
17 >>>lst
18 >>>[100, 0, 1, 2, 25, 3, 4, 5, 30, 90, 10, 20]
```

3 种方法都改变了列表对象的值,但是不会影响列表中插入点之前的元素的位置,也不会影响列表在内存中的起始地址。例如:

```
1  >>>id(lst)                        #返回变量 lst 在内存中的起始地址
2  40826368
3  >>>print(lst.append(30))
4  None
5  >>>lst
6  [0, 1, 2, 3, 4, 5, 30]
7  >>>id(lst)
```

```
8    40826368
```

以上代码中,列表变量 lst 的初始存储地址为 40826368,使用 append()方法增加一个元素后并没有产生返回值(第 4 行),在第 8 行再次输出列表时增加了一个元素 30,第 8 行的结果显示,列表的地址没有发生改变。这种作用于对象的,既不产生返回值又不改变原对象地址的操作称为原地操作。同样,insert()方法和 extend()方法也属于原地操作。

append()方法是在列表的末尾增加元素,而 insert()方法是在列表的指定位置增加元素,为了插入该元素,插入点后面的所有元素都需要一次向后移动一个位置。考虑到效率问题,向列表增加元素时推荐使用 append()方法。

2. 删除列表中的元素

del 命令不仅可以删除一个列表,也可以删除列表中的元素。例如:

```
1    >>>lst = [1,2,3]
2    >>>del lst[0]
3    >>>lst
4    [2,3]
```

除了 del 命令以外,还有几个常用的删除列表元素的方法,如表 6-4 所示。

表 6-4 列表对象删除列表元素的方法

方　　法	功　　能
remove(x)	删除列表中第一个值为 x 的元素,被删除元素位置之后的所有元素自动向前移动,索引减 1;如果列表中不存在 x 则抛出异常
pop([index])	删除并返回列表中下标为 index 的元素,该位置后面的所有元素自动向前移动,索引减 1。index 默认为 −1,表示删除并返回列表中最后一个元素
clear()	清空列表。删除列表中所有的元素,只保留空列表对象

例如:

```
1    >>>lst = list('hello python')
2    >>>lst
3    ['h', 'e', 'l', 'l', 'o', ' ', 'p', 'y', 't', 'h', 'o', 'n']
4    >>>lst.pop()                              #删除最后一个元素
5    'n'
6    >>>lst.pop(0)
7    'h'
8    >>>lst
9    ['e', 'l', 'l', 'o', ' ', 'p', 'y', 't', 'h', 'o']
10   >>>lst.remove('o')                        #删除第一个'o'
11   >>>lst
12   ['e', 'l', 'l', ' ', 'p', 'y', 't', 'h', 'o']
13   >>>lst.clear()
```

```
14 >>>lst
15 []
```

3. 修改列表中的元素

首先通过索引或者切片定位要修改的元素,然后通过赋值完成修改。例如:

```
1 >>>lst = [1,2,3]
2 >>>lst[0] = 10
3 >>>lst
4 [10,2,3]
5 >>>lst[0:1] = [1,2,3,4]          #赋值=号右边必须是可迭代类型
6 [1, 2, 3, 4, 2, 3]
```

4. 查找列表中的元素

除了 6.1.1 节中介绍的 in 和 not in 之外,查找列表中的元素还有两个常用方法,如表 6-5 所示。

表 6-5　列表对象查找列表元素的方法

方　　法	功　　能
count(a)	元素 a 在列表中出现的次数
index(a)	元素 a 在列表中首次出现的索引

列表的 count()方法和 index()方法的用法与字符串中的相同。count()方法获取指定元素的个数,如果列表中存在该元素,则返回该元素在列表中出现的次数,否则返回 0。

```
1 >>>lst = [1,2,3,4,2,4,2,5]
2 >>>lst.count(2)
3 3
4 >>>lst.count(10)
5 0
```

index()方法在指定范围内获取指定元素的下标,若元素不存在则报错。

```
1 >>>lst.index(5)
2 7
3 >>>lst.index(20)
4 Traceback (most recent call last):
5   File "<pyshell                        #35>", line 1, in <module>
6     lst.index(20)
7 ValueError: 20 is not in list
```

5. 排序

排序是将列表元素按特定顺序重新排列,经常使用的方法有 sort()和 reverse()。

sort()方法默认将列表元素由小到大排列,此时参数 reverse 可以不写,当 reverse ＝ True 时,列表可改为倒序,元素由大到小排列。reverse()方法则是将列表元素转置,即将第一个元素和最后一个元素交换,第二个元素和倒数第二个元素交换,以此类推,和 sort()方法带 reverse 参数的排序结果完全不同。例如:

```
1   >>>lst = [80, 18, 3, 4, 5, 30, 1, 2]
2   >>>lst.sort()
3   >>>lst
4   [1, 2, 3, 4, 5, 18, 30, 80]
5   >>>lst = [80, 18, 3, 4, 5, 30, 1, 2]
6   >>>lst.sort(reverse =True)
7   >>>lst
8   [80, 30, 18, 5, 4, 3, 2, 1]
9   >>>lst = [80, 18, 3, 4, 5, 30, 1, 2]
10  >>>lst.reverse()
11  >>>lst
12  [2, 1, 30, 5, 4, 3, 18, 80]
```

sort()方法不能对同时包含字符串元素和数字元素的列表进行排序,否则会报错。

除此之外,列表的 sort()方法和内置函数 sorted()都可以对列表进行排序,除了使用形式不同,还有以下区别。

sort()方法对列表本身进行排序,属于原地操作,改变了列表本身,无返回值;sorted()函数不改变列表本身,只返回列表排序后的副本。

```
1   >>>lst = [80, 18, 3, 4, 5, 30, 1, 2]
2   >>>sorted(lst)
3   [1, 2, 3, 4, 5, 18, 30, 80]
4   >>>lst
5   [80, 18, 3, 4, 5, 30, 1, 2]
```

如果既要对列表进行排序,又不想丢失列表原来的顺序,则适合用 sorted()函数。

6. 列表的复制

列表的 copy()方法可以复制列表,例如:

```
1   >>>lst = [80, 18, 3, 4, 5, 30, 1, 2]
2   >>>lst1 = lst.copy()
3   >>>lst1
4   [80, 18, 3, 4, 5, 30, 1, 2]
5   >>>id(lst)
6   47967680
7   >>>id(lst1)
8   47973696
```

通过 copy()方法操作后,可以看到 lst 和 lst1 的地址完全不同,下面来看进行赋值

"="运算的情况。

```
1    >>>lst2 = lst
2    >>>id(lst)
3    47967680
4    >>>id(lst2)
5    47967680
```

将 lst 通过"="赋值给 lst2 后,二者均指向了 47967680 这个地址。

由此可见,copy()方法和赋值"="的操作结果虽然都一样,但在存储上有很大差别。

① 使用赋值"="时,列表 lst2 与列表 lst 指向的都是同一个内存地址,即 lst2 和 lst 代表同一个对象,如果修改其中一个,则另一个也会被同步修改。

② 执行 copy()操作后,虽然列表 lst1 与列表 lst 的元素都一样,但指向不同的内存地址,lst1 和 lst 代表不同的列表对象,修改其中一个的操作不会影响另一个列表。

6.2.4　列表推导式

列表推导式是 Python 构建列表的一种快捷方式,它可以利用一些可迭代对象,只须一行代码即可快速生成一个满足指定需求的列表。列表推导式的语法格式为

[表达式 for 循环变量 in 可迭代对象 [if 条件表达式]]

其中,[if 条件表达式]可以省略。

整个列表推导式由两部分构成:表达式和 for 循环。Python 在执行列表推导式时会对可迭代对象进行遍历,将每次遍历的值赋给循环变量,并得出表达式的计算结果,最终收集每次遍历得到的表达式计算结果并构成新的列表,也就是列表推导式所返回的值。例如:

```
1    >>>lst = [2 * i for i in range(5)]
2    >>>lst
3    [0, 2, 4, 6, 8]
```

第 1 行的列表推导式中用了最常用的可迭代对象 range,变量 i 从 0 遍历到 4,i 每遍历到一个数,都计算"2 * i"的结果,并把所有遍历产生的"2 * i"的结果构建成一个列表。

列表推导式也可以采用带 if 条件的形式。例如,当需要将列表 lst 中的所有奇数提取出来时,可以通过添加 if 条件的方式完成。例如:

```
1    >>>lst = [80, 18, 3, 4, 5, 30, 1, 2]
2    >>>lst1 = [x for x in lst if x%2 !=0]
3    >>>lst1
4    [3, 5, 1]
```

通过 for 循环(for x in lst if x％2!=0)求出 lst 中的所有奇数,并将它们赋给表达式 x,得出结果[3,5,1]。

在较复杂的列表推导式中,可以嵌套多个 for 语句。按照从左至右的顺序分别是外层循环到内层循环,其语法为

```
[表达式 for 迭代变量 1 in 可迭代对象 1 [if 条件表达式 1] for 迭代变量 2 in 可迭代对象 2 [if 条件表达
式 2]]
```

例如以下代码中第 3 行的列表推导式,y 在 lst 中遍历,x 在 lst1 中遍历,表达式"x *y"的所有计算结果构成了一个列表对象,作为列表推导式的返回值。

```
1    >>>lst = [80, 18, 3, 4, 5, 30, 1, 2]
2    >>>lst1 = [3, 5, 1]
3    >>>lst2 = [x * y for x in lst1 for y in lst]
4    >>>lst2
5    [240, 54, 9, 12, 15, 90, 3, 6, 400, 90, 15, 20, 25, 150, 5, 10, 80, 18, 3, 4, 5, 30, 1, 2]
```

列表推导式还可以带任意数量的嵌套 for 循环,并且每个 for 循环的后面都有可选的 if 语句,其语法为

```
[表达式 for    迭代变量 1    in    可迭代对象 1    [if 条件表达式 1]
       for    迭代变量 2    in    可迭代对象 2    [if 条件表达式 2]
       …
       for    迭代变量 n    in    可迭代对象 n    [if 条件表达式 n]
]
```

列表推导式的强大功能在一些实际应用中时有表现,例如下列代码可生成矩阵。

```
1    >>>matric = [[x,x**2,x**3] for x in range(5)]
2    >>>matric
3    [[0, 0, 0], [1, 1, 1], [2, 4, 8], [3, 9, 27], [4, 16, 64]]
```

也可以将上述矩阵利用列表推导式进行平铺,变换成列表。

```
1    >>>ls = [x for elem in Matric for x in elem]
2    >>>ls
3    [0, 0, 0, 1, 1, 1, 2, 4, 8, 3, 9, 27, 4, 16, 64]
```

在 Python 3 中,列表推导式像函数一样有自己的局部作用域。表达式内部的变量和赋值只在局部起作用,表达式上下文中的同名变量还可以被正常引用,局部变量并不会影响它们。

当然,也不是所有场景都推荐使用列表推导式。如果列表推导式的代码超过了 2 行,则要考虑改用 for 循环了,这是因为超过 2 行的列表推导式可读性很差。通常的原则是只用列表推导式创建新的列表,并且尽量保持简短。

6.2.5　实例

【**例 6.1**】　在控制台中按要求输入任意一天的日期,求这是该年的第几天?

需求分析如下。

输入（I）：需要查询的时间（年-月-日）。

输出（O）：这一天是这一年的第几天，即从 1 月 1 日到该天的总天数。

处理（P）：需要处理两个主要问题。一是把 1 月和其他月份分别计算，1 月的输出值为该月的天数；其他月份的输出值为该月份之前的每月天数之和再加上当月的天数。二是由于闰年的存在，2 月的天数需要特殊处理。如果是闰年，则 2 月的天数为 29 天，否则为 28 天。

第一个问题采用分支完成，第二个问题采用 Python 的内置模块 calendar 中判断闰年的 isleap() 方法完成，程序代码如下。

```
1    import calendar
2
3    def dateToNum(da):
4        year = int(da.split('-')[0])
5        month = int(da.split('-')[1])
6        day = int(da.split('-')[2])
8        monthDays = [31,28,31,30,31,30,31,31,30,31,30,31]
9        if calendar.isleap(year):
10           monthDays[1] = 29
11       if month >1:
12           num = sum(monthDays[:month - 1]) + day
13       else:
14           num = day
15       return year,num
16
17   userInput = input('请输入时间(形式为年-月-日):')
18   userYear,userDay = dateToNum(userInput)
19   print('这一天是{}年的第{}天'.format(userYear,userDay))
```

运行 3 次程序的结果如下。

```
请输入时间(形式为年-月-日):2020-1-10
这一天是 2020 年的第 10 天
请输入时间(形式为年-月-日):2020-3-9
这一天是 2020 年的第 69 天
请输入时间(形式为年-月-日):2019-3-9
这一天是 2019 年的第 68 天
```

【例 6.2】　实现一个小型购物系统。系统分为前台和后台两部分，前台用户浏览物品、购物；后台管理员维护会员信息，包括查看会员信息、增加会员信息和删除会员信息。

需求分析如下。

输入（I）：用户名、密码以及用户的选择。

输出（O）：管理员：会员信息处理结果；用户：所购物品、购物总额。

处理（P）：根据输入的用户名和密码提供相应的操作界面，如果是管理员，则进行对应会员的信息维护操作;如果是用户,则进行物品的选择,然后根据所选物品进行结算。

其中,管理员的用户名和密码均为 admin。代码已添加两个用户,用户 root 对应密码 123;用户 westos 对应密码 456。

管理员的操作菜单如下所示。

```
===================
        菜单
   1.添加会员信息
   2.删除会员信息
   3.查看会员信息
   4.退出
===================
```

用户的操作菜单如下所示。

```
==========================
        菜单
   1.中性笔/12 支(把)      10.50 元
   2.办公通用直尺(把)       1.20 元
   3.美工刀(把)            9.90 元
   4.订书器(个)            9.90 元
   5.长尾夹(个)           16.00 元
   0.结束购物
==========================
```

程序代码如下。

```
1    import sys
2
3    inuser = input('UserName: ')
4    inpasswd = input('Password: ')
5    users = ['root', 'westos']
6    passwds = ['123', '456']
8    total = 0.0
9    lst = []
10
11   if inuser == 'admin' and inpasswd == 'admin':
12       while True:
13           print("""
14                   菜单
15             1.添加会员信息
16             2.删除会员信息
17             3.查看会员信息
18             4.退出
19           """)
20           choice = input('请输入选择: ')
21           if choice == '1':
22               Add_Name = input('要添加的会员名: ')
```

```
23              Add_Passwd = input('设置会员的密码为: ')
24              users = users + [Add_Name]
25              passwds = passwds + [Add_Passwd]
26              print('添加成功!')
27          elif choice =='2':
28              Remove_Name = input('请输入要删除的会员名: ')
29              if Remove_Name in users:
30                  Remove_Passwd = input('请输入该会员的密码: ')
31                  SuoYinZhi = int(users.index(Remove_Name))
32                  if Remove_Passwd ==passwds[SuoYinZhi]:
33                      users.remove(Remove_Name)
34                      passwds.pop(SuoYinZhi)
35                      print('成功删除!')
36                  else:
37                      print('用户密码错误,无法验证身份,删除失败')
38              else:
39                  print('用户错误!请输入正确的用户名')
40          elif choice =='3':
41              print('查看会员信息'.center(50,'*'))
42              print('\t用户名\t密码')
43              usercount = len(users)
44              for i in range(usercount):
45                  print('\t{}\t{}'.format(users[i],passwds[i]))
46          elif choice =='4':
47              sys.exit()
48          else:
49              print('请输入正确选择!')
50  elif inuser in users and inpasswd in passwds:
51      while True:
52          print("""
53              1.中性笔/12 支(盒)          10.50 元
54              2.办公通用直尺(把)          1.20 元
55              3.美工刀(把)               9.90 元
56              4.订书器(个)               9.90 元
57              5.长尾夹(个)               16.00 元
58              0.结束购物
59              """)
60          choice = input('请输入选择: ')
61          if choice =='1':
62              total += 10.50
63              lst.append('中性笔')
64          elif choice =='2':
65              total += 1.20
66              lst.append('办公通用直尺')
67          elif choice =='3':
68              total += 9.9
69              lst.append('美工刀')
70          elif choice =='4':
71              total += 9.9
72              lst.append('订书器')
```

```
73          elif choice =='5':
74              total += 16.00
75              lst.append('长尾夹')
76          elif choice =='0':
77              print('你所购物品为:')
78              for i in range(len(lst)):
79                  print(lst[i],end = ' ')
80              print('\n 你所购物品的总额为{}元'.format(total))
81              sys.exit()
82          else:
83              print('请输入正确选择!')
84              choice = input('请输入选择:')
85   else:
86       print('请联系管理员注册用户!')
```

运行程序,可以分别用管理员和用户身份登录,以验证程序功能。程序运行结果略。

6.3 元   组

Python 的元组和列表类似,与列表不同的是,元组是一个有序的不可变序列,元组赋值后所存储的数据不能被修改,并且用一对圆括号括起所有元素,元素之间用逗号分隔。因为元组类型和列表类型有很多相同之处,故本节不再讲述类似的内容,重点介绍元组和列表的不同之处。

6.3.1 元组的创建与删除

元组的创建可以通过两种方式实现:赋值和使用 tuple( )函数转换。

1. 赋值创建元组

```
1    >>>tup1 = ()                                    #创建空元组
2    >>>tup2 = (1, 2, 3)
3    >>>tup3 = (4,)
4    >>>type(tup3)                                   #tup3 是元组
5    <class 'tuple'>
6    >>>tup4 = (4)
7    >>>type(tup4)                                   #tup4 是整型
8    <class 'int'>
```

赋值时需要注意的是:当元组只有一个元素时,需要在元素的后面加一个逗号,以防止与表达式中的小括号混淆。因为小括号既可以表示元组,又是表达式中运算优先级的一种表现,很容易产生歧义。

例如,以上代码第 3 行创建了一个有元素 4 的元组。我们必须在元素的后面加一个半角逗号分隔符。如果不加,例如第 6 行代码,则系统将会把该变量看作整型,而不是元组。

2. 使用 tuple()函数转换

使用 tuple()函数可以将 range 对象、字符串、列表或其他可迭代对象类型的数据转换为元组。例如：

```
1  >>>tup1 = tuple(range(6))
2  >>>tup2 = tuple('hello world')
3  >>>tup3 = tuple(['a','b','c'])
```

和列表一样，当创建完的元组不再使用时，可以使用 del 命令将其删除，以释放变量所占的内存，例如执行 del tup2 命令即可删除元组 tup2。

6.3.2　元组元素的访问和操作

元组的访问方式和列表相同，可以直接使用下标索引([])访问元组中的单个元素，可以使用切片运算符([:])访问子元组，也可以使用 for 循环遍历元组元素，在此不再举例。

列表中的所有操作，只要是不涉及序列内容改变的，都可以应用到元组。因为元组不可变，所以元组中没有元素的增、删、改的操作，只有查的操作，表 6-6 所示为查找元组元素的方法。

表 6-6　元组对象查找元素的方法

方　　法	功　　能
index(obj)	从元组中找出某个值第一个匹配项的索引值
count(obj)	统计某个元素在元组中出现的次数

6.3.3　元组的特点

与列表相比，元组的不可修改特性使得元组非常不灵活。因为组合数据类型数据实际上是一种包含多个元素的容器对象，作为容器对象，很多时候需要对容器内的元素进行修改，这在元组中是不允许的。但当数据在程序设计中不允许修改时，元组则是很好的选择。例如，当需要将数据作为参数传递给函数，但又不希望函数修改参数时，就可以传递一个元组类型（如 6.3.4 节例 6.3）；再如，当需要定义一组关键值且不允许修改时，也可以采用元组类型。

另外，列表虽然灵活，但内存开销大，Python 的内部实现对元组做了大量的优化，因此其访问速度比列表快。例如：

```
1  import time
2  lst = list(range(10000000))
3  stime = time.time()
```

```
4    for x in lst:
5        x = x+1
6    etime = time.time()
7    print('花费时间为:',(etime-stime))
```

上述代码可以对存有 1000 万个数的列表 lst 进行遍历操作,执行 x＝x＋1 操作,程序运行结果如下。

花费时间为: 1.3520774841308594

下面的代码可以将存储 1000 万个数的结构变成元组 tup,其余操作不变。

```
1    import time
2    tup = tuple(range(10000000))
3    stime = time.time()
4    for x in tup:
5        x = x+1
6    etime = time.time()
7    print('花费时间为:',(etime-stime))
```

运行结果如下。

花费时间为: 1.2340705394744873

同样的环境,同样的代码段,唯一不同的是将存储 1000 万个数的变量换成了元组,操作所花费的时间大幅减少了。

可以说元组和列表是互为补充的数据类型,在实际的操作中要合理利用它们。

6.3.4 实例

【例 6.3】 创建长度为 20 的列表,其元素为[1000,5000]的随机整数,编写程序找出列表中不能被 4 以内的素数整除的元素,找出列表中不能被 10 以内的素数整除的元素。

需求分析如下。

输入(I):[1000,5000]的随机整数,10 以内的素数。

输出(O):列表中不能被 4 或 10 以内的素数整除的元素。

处理(P):有 3 个需要解决的问题。一是处理[1000,5000]的随机整数,可以考虑通过 random 模块中的 randint()函数实现。二是设计函数过滤列表中可以被 10 以内的素数整除的数据。考虑到 4 以内或者 10 以内的素数均是固定的,因此可以用元组保存这些素数,并将其作为参数传递给执行函数。三是 4 以内的素数是 2 和 3,而 10 以内的素数为 2、3、5、7,考虑到参数个数不固定,因此用可变数量参数完成。具体代码如下。

```
1    import random
2    import calendar
3
4    def test(*args):
```

```
5       lst = []
6       result = []
8       for x in range(20):
9           lst.append(random.randint(1000,5000))
10      print('随机列表:',lst)
11      for value in lst:
12          flag = []
13          for arg in args:
14              if value % arg ==0:
15                  flag.append('no')
16              else:
17                  flag.append('yes')
18          if flag.count('no') ==0:
19              result.append(value)
20      for i in result:
21          print(i,end = ' ')
22      print()
23
24  print('不能被 4 以内的素数整除的数:')
25  test(2,3)
26  print('不能被 10 以内的素数整除的数:')
27  test(2,3,5,7)
```

程序运行结果如下。

```
不能被 4 以内的素数整除的数:
随机列表: [2639, 3542, 3586, 4189, 1362, 3101, 3268, 1651, 2420, 4725, 2421, 3140, 3677, 2521,
1559, 1949, 3706, 4651, 4651, 1912]
符合要求的数为:
2639 4189 3101 1651 3677 2521 1559 1949 4651 4651
不能被 10 以内的素数整除的数:
随机列表: [1997, 3115, 1889, 4667, 4427, 2158, 1525, 2696, 2775, 1795, 1350, 4970, 3641, 3871,
4611, 2821, 1518, 4809, 2101, 3637]
符合要求的数为:
1997 1889 4667 4427 3641 2101 3637
```

由于 randint()函数的原因,lst 列表中的内容可能不同,最后的结果也会不同,包括个数和数值。

最重要的是函数 test(* args),这里的“ * args”为可变数量参数,args 表示创建一个名为 args 的空元组,该元组可接收任意多个外界传入的非关键字实参。当调用 test()函数时,args 元组可以根据调用时传入的实参自适应地存储任意个数的参数值。

6.4　集　　合

集合是一种元素无序且不重复的组合数据类型。集合用花括号({})括起元素,元素之间用逗号分隔。Python 中集合的运算和数学中的一样,可以实现交、并、差、补等。

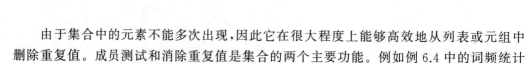

由于集合中的元素不能多次出现,因此它在很大程度上能够高效地从列表或元组中删除重复值。成员测试和消除重复值是集合的两个主要功能。例如例 6.4 中的词频统计就是集合两大功能的具体应用。

6.4.1　集合的创建与删除

创建集合有两种方式:直接赋值和通过 set()函数完成。例如:

```
1   >>> s1 = {2,3,5,7,1}
2   >>> s2 = set('Hello python!')
3   >>> s2 = set()
```

创建集合时需要注意:和列表与元组不同,集合可以用"{}"表示,但创建空集合需要通过 set()函数完成,不能使用"s = {}"这种赋空值的方式,否则 Python 编辑器会默认变量为字典类型。例如:

```
1   >>> aset1 = {}
2   >>> type(aset1)
3   <class 'dict'>                                    #字典类型
```

删除集合和列表与元组的操作一样,用 del 命令就可以了。例如 del aset1 命令用来删除集合对象 aset1。

6.4.2　集合的操作与运算

集合存储的元素是无序的,因此不能像列表和元组一样通过索引访问集合中的元素。集合可以使用成员操作符 in 或 not in 判断某元素是否在集合中,也可以使用 for 循环对集合元素进行遍历操作。

表 6-7 列出了集合常用的一些操作方法。

表 6-7　集合对象常用的操作方法

方　　法	功　　能
add(x)	向集合添加元素,添加的数将随机加入某个位置
update(x)	相当于 list 中的 extend()方法,将可迭代对象 x 中的元素追加到集合中
remove(x)	删除集合中的某个元素,如果集合内无此元素,则会报错
discard(x)	删除集合中的某个元素,如果集合内无此元素,则不会报错
pop()	随机删除某个元素,并返回该元素
clear()	清空集合
issubset(s)	判断一个集合是否为 s 的子集

1. 增加集合元素

向集合中添加元素时只能添加不可变的数据类型，如数字、字符串、元组。像列表、字典、集合等可变数据类型是不能添加到集合中的，否则系统会返回类型错误。例如：

```
1    >>>s = {1,2,3}
2    >>>str = 'abc'
3    >>>s.add(str)
4    >>>s
5    {'abc', 1, 2, 3}
6    >>>lst = [4,5]
7    >>>s.add(lst)
8    Traceback (most recent call last):
9      File "<pyshell#26>", line 1, in <module>
10       s.add(lst)
11   TypeError: unhashable type: 'list'
```

因为集合的无序性，所以向集合增加元素时插入位置是不确定的。上述代码中通过第 3 行添加字符串 str 后，集合 s 输出第 5 行的形态。因为集合的无序性，所以同一个集合每次输出的元素的顺序可能是不同的。当用 add() 方法向集合对象添加列表 lst 时，系统报错如上述代码的第 8~11 行所示。

当增加的元素和已有元素相同时，集合将不再添加新元素，例如：

```
1    >>>s = {1,2,3}
2    >>>s.add(3)
3    >>>s
4    {1, 2, 3}
```

集合中的 update() 方法相当于列表中的 extend() 方法，可以将可迭代对象中的元素追加到集合中。例如：

```
1    >>>s = {9, 3, 12, 6}
2    >>>s.update(range(3))
3    >>>s
4    {0, 1, 2, 3, 6, 9, 12}
```

2. 删除集合元素

表 6-6 列举了删除集合元素的常用方法。需要注意的是：使用 pop() 方法进行删除操作时，如果集合为空，则抛出异常。使用 remove() 方法删除集合中的某个元素时，如果集合内无此元素，则会报错。使用 discard() 方法删除集合中的某个元素时，如果集合无此元素，则不做任何操作且不报错。例如：

```
1    >>>s = {1,2,3}
2    >>>s.pop()                          #返回值为1
```

```
 3    1
 4    >>>s.discard(1)                                    #没有异常返回
 5    >>>s.remove(1)                                     #发生异常 KeyError: 1
 6    Traceback (most recent call last):
 7      File "<pyshell#1>", line 1, in <module>
 8        s.remove(1)
 9    KeyError: 1
10    >>>s = set()
11    >>>s.pop()                                         #发生异常 KeyError
12    Traceback (most recent call last):
13      File "<pyshell#6>", line 1, in <module>
14        s.pop()
      KeyError: 'pop from an empty set'
```

除了以上 3 个方法，还可以使用集合对象的 clear() 方法将整个集合的数据清空，例如：

```
1    >>>s = {1,2,3}
2    >>>s.clear()
3    >>>s
4    set()
```

3. 遍历集合中的元素

与列表和元组一样，我们也可以遍历整个集合。只是由于集合的无序性，遍历所得的结果和原集合中元素的顺序并不相同。例如：

```
1    >>>s = {'Python','is','a','good','language!' }
2    >>>for x in s:
3        print(x,end = ' ')
4    is a Python good language!
```

由于集合是无序的，因此上述代码每次运行的结果都有可能不同。

4. 集合的去重

集合最重要的应用是去重。例如，从列表中删除重复值，使用集合要比其他方法快很多。下面以列表[1,2,3,1,7,3,5,2]为例，通过 timeit 的 timeit() 方法测试说明。

```
1    import timeit
2    def remove_duplicates(listparam):
3        lst = []
4        for i in listparam:
5            if i not in lst:
6                lst.append(i)
7        return(lst)
8    print('集合:',timeit.timeit('list(set([1,2,3,1,7,3,5,2]))',number=1000000))
9    print('常规:',timeit.timeit('remove_duplicates([1,2,3,1,7,3,5,2])',\
```

```
10                  globals = globals(),number=1000000))
```

程序运行结果如下。

```
集合: 0.9411190889999999
常规: 2.1964365949999998
```

从上面的运行结果可以看出，当对列表执行 1000 万次去重操作后，集合的速度远高于常规方法。

5. 集合运算

在对集合进行运算时，不会影响原来的集合，而是返回一个运算结果。表 6-8 以集合 s1＝{1,2,3,4,5} 和 s2＝{3,4,5,6,7} 为例说明集合运算操作。

表 6-8　集合运算操作

运　算　符	表 达 式	结　果	操 作 说 明
&（交集）	s1 & s2	{3,4,5}	两个集合中都存在的元素
|（并集）	s1 | s2	{1,2,3,4,5,6,7}	将两个集合去重合并
-（差集）	s1 - s2	{1,2}	在 s1 中不存在 s2 中的元素
^（异或）	s1 ^ s2	{1,2,6,7}	获取只在 s1 或者 s2 中出现的元素
<=（是否子集）	s1 <= s2	False	s1 中的元素都在 s2 中则返回 True，否则返回 False
<（是否真子集）	s1 < s2	False	s1 是否为 s2 的真子集，是返回 True，否则返回 False
>=（是否超集）	s1 >= s2	False	s1 是否为 s2 的超集，是返回 True，否则返回 False

6. 集合推导式

集合推导式就是将列表推导式中的"[]"换成"{}"，其基本语法为

```
{表达式 for 迭代变量 in 可迭代对象 [if 条件表达式]}
```

例如：

```
1   >>>s1 = {80, 18, 3, 4, 5, 30, 1, 2}
2   >>>{x for x in s1 if x%2 ==0}
3   {2, 4, 80, 18, 30}
```

6.4.3　实例

【例 6.4】　从键盘输入一篇英文文本，统计文本中出现的单词。

需求分析如下。

输入(I)：一篇英文文本。

输出(O)：文本中出现的所有单词。

处理(P)：用户通过键盘输入的文本可能较少，也可能有很多行，Python 的 input() 函数只能处理单行文本(即不换行)，必须考虑多行文本的输入问题。其次，需要对标点符号进行处理，可以用 string 对象的 punctuation 属性和 replace()方法完成。最后，我们只统计出现在输入文本中的单词，即重复出现的单词只统计一次。所以用集合的去重功能完成是不错的选择。代码如下。

```
1    #输入数据时,请在每个标点符号后面输入空格
2    import string
3
4    def getWords(strparam):                          #处理字符串,使其不带有标点符号
5        words = []
6        for ch in strparam:
8            if ch in string.punctuation:
9                strparam = strparam.lower().replace(ch,' ')
10       words = strparam.split()
11       return words                                 #返回单词列表
12   wordlst = []                                      #输入串转换完的单词列表
13   result = []                                       #处理以后的单词列表
14   resultset = set()
15   #处理文本多行输入
16   stopword = ''
17   inputStr = ''
18   print('请输入一段英文文本(只按 Enter 键结束):',end = ' ')
19   for line in iter(input,stopword):
20       inputStr += line
21   result = getWords(inputStr)
22   resultset = set(result)                           #去掉重复的单词
23   print('英文文本中出现的单词为:')
24   for word in resultset:
25       print(word,end = '|')
```

程序运行时，假设输入的文本如下。

```
You are welcome.
I am a teacher. You are a student. He is a student. She is a student.
Are you studying Python?
```

程序运行结果如下。

```
英文文本中出现的单词为:
a|are|am|you|welcome|is|he|i|teacher|studying|student|python|she|
```

上述结果在每次运行时，单词出现的顺序都可能不同，但单词总量是一样的。

6.5　映射类型——字典

字典是 Python 提供的一种常用的数据结构,属于容器类对象,用来存放具有映射关系的数据。例如有一份成绩表数据,语文:79,数学:80,英语:92,这组数据看上去像两个列表,但这两个列表的元素之间有一定的关联。如果单纯使用两个列表保存这组数据,则无法记录两组数据之间的关联。字典相当于保存了两组数据:键和值,键(key)是关键数据;值(value)通过 key 访问。字典可以将这两组数据通过键和值对应的方式保存为一个元素,称为键-值对,键和值两部分之间使用冒号分隔,表示一种对应关系。不同元素之间用逗号分隔,所有元素放在一对花括号(｛ ｝)中。

6.5.1　字典的创建与删除

字典的创建可以通过以下两种方式完成。

1. 赋值创建

使用赋值"="将一个字典直接赋值给变量以创建字典对象。例如:

```
1   >>>adict1 = {}                         #创建空字典
2   >>>adict2 = {'a':1,'b':2,'c':3}        #创建 3 个元素的字典
```

2. dict()函数转换

可以使用 dict()函数将已有序列转换为字典。例如:

```
1   >>>bdict1 = dict()                     #创建空字典
2   >>>dict(a = '1',b = '2',c = '3')       #传入关键字
3   {'a': '1', 'b': '2', 'c': '3'}
4   >>>tup = ('a','b','c','d')
5   >>>lst = [1,2,3,4]
6   >>>bdict2 = dict(zip(tup,lst))         #映射函数的方式
7   >>>bdict2
8   {'a': 1, 'b': 2, 'c': 3, 'd': 4}
9   >>>dict([('a',1),('b',2),('c',3)])     #将元素作为元组的列表转换成字典
10  {'a': 1, 'b': 2, 'c': 3}
```

代码第 6 行通过 dict()方法将 zip()函数的值转换为字典,像第 9 行这样,当可迭代对象的元素为一对值时,如此处的"('a',1)",可以通过 dict()方法将其转换成字典。

与列表、元组、集合一样,当不再需要字典对象时,可以通过 del 命令将其删除。

6.5.2　字典元素的访问

访问 Python 字典中的元素可以通过两种方式完成:通过键-值对访问和通过遍历

访问。

1. 通过键-值对访问字典元素

字典支持下标运算符(〔 〕)，把键作为下标即可访问键对应的值。例如：

```
1    >>>bdict3 = {'chinese': 79, 'math': 80, 'English': 92}
2    >>>bdict3['math']
3    80
4    >>>bdict3['Python']
5    Traceback (most recent call last):
6      File "<pyshell#3>", line 1, in <module>
7        bdict3['Python']
8    KeyError: 'Python'
```

通过这种方式访问字典元素，当指定的键不存在时，会抛出异常。例如上述第 4 行代码，因为'Python'不是 bdict3 中的键，所以语句运行后会报出第 5～8 行的错误。

2. 遍历字典访问字典元素

字典的特殊结构决定了它有多种遍历方式。

如果需要获取字典的各个键-值对，则可以使用字典对象的 items()方法，该方法可以返回由(键,值)元组组成的可迭代对象，直接对 items()方法的返回值进行遍历即可。例如：

```
1    >>>bdict3 = {'chinese': 79, 'math': 80, 'English': 92}
2    >>>for item in bdict3.items():
3            print(item)
4    ('chinese', 79)
5    ('math', 80)
6    ('English', 92)
```

对字典的 items()方法的返回值进行遍历，也可以分别获取字典的键和值。例如：

```
1    >>>bdict3 = {'chinese': 79, 'math': 80, 'English': 92}
2    >>>for key, value in bdict3.items():
3            print(key, ':', value)
4    chinese : 79
5    math : 80
6    English : 92
```

除了上述方法，也可以通过对字典对象直接遍历的方式访问字典的键与值。例如：

```
1    >>>bdict3 = {'chinese': 79, 'math': 80, 'English': 92}
2    >>>for key in bdict3:
3            print(key, bdict3[key])
4    chinese     79
5    math        80
```

```
6    English    92
```

单独获取字典某键对应的值,可以通过字典的 get()方法实现。例如:

```
1    >>>bdict3 = {'chinese': 79, 'math': 80, 'English': 92}
2    >>>for key in bdict3:
3            print(bdict3.get(key))
4    79
5    80
6    92
```

通过字典的 keys()方法和 values()方法分别可以获取由字典的全部键或者全部值组成的可迭代对象,可以对这些对象进行遍历。例如:

```
1    >>>for key in bdict3.keys():
2        print(key,end = ' ')                              #end 参数的值是空格串,下同
3    chinese math English
4    >>>for value in bdict3.values():
5        print(value, end = ' ')
6    79 80 92
```

6.5.3 字典常用操作方法

表 6-9 列出了字典常用的操作方法。

表 6-9 字典对象常用的操作方法

方　　法	功　　能
clear()	删除字典中的所有元素
copy()	返回一个字典的浅复制
fromkeys(seq,val)	创建一个新字典,以序列 seq 中的元素作为字典的键,val 为字典所有键对应的初始值
get(key, default＝None)	返回指定键的值,如果值不在字典中则返回 default 值
items()	返回所有的(键,值)元组为元素的可迭代对象,可以用 list()方法转换成列表
keys()	返回一个字典所有的键组成的可迭代对象,可以用 list()方法转成列表
setdefault(key, default＝None)	和 get()方法类似,但如果键不存在于字典中,将会添加键并将值设为 default
update (key1 ＝ value1, key2 ＝ value2,…)	把 key1:value1,key2:value2,…的键-值对更新到字典对象中
values()	返回字典对象中的所有值组成的可迭代对象,可以用 list()方法转换成列表

1. 修改字典元素

第一种方式是利用键访问元素并为其赋值,如果键存在,则用键对应的值,否则添加一个新的键-值对元素。例如:

```
1   >>>bdict3 = {'chinese': 79, 'math': 80, 'English': 92}
2   >>>bdict3['math'] = 86
3   >>>bdict3
4   {'chinese': 79, 'math': 86, 'English': 92}
5   >>>bdict3['python'] = 90
6   >>>bdict3
7   {'chinese': 79, 'math': 86, 'English': 92, 'python': 90}
```

第二种方式是使用 update()方法给字典增加一个或多个元素,其语法格式为

```
字典对象名.update(key1 = value1, key2 = value2,…)
```

例如:

```
1   >>>bdict3.update(python = 92,DS = 85)
2   >>>bdict3
3   {'chinese': 79, 'math': 80, 'English': 92, 'python': 92, 'DS': 85}
```

操作完成后,由于键'python'已经存在,因此将其对应的值修改为 92。由于键'DS'不存在,因此增加了一个新的元素 'DS': 85。

2. 删除字典元素

前面讲过,del 命令可以删除字典对象,当为 del 命令后面的字典对象名添加键下标时,可以删除字典对象中对应的键-值对。例如:

```
1   >>>bdict2 = {'a': 1, 'b': 2, 'c': 3, 'd': 4}
2   >>>del bdict2['b']
3   >>>bdict2
4   {'a': 1, 'c': 3, 'd': 4}
```

pop(key[,default])方法可以删除以 key 为键的字典元素,并返回该键对应的值。如果该键不存在,则可以通过设置 default 作为返回值。例如:

```
1   >>>bdict2 = {'a': 1, 'c': 3, 'd': 4}
2   >>>bdict2.pop('d')
3   4
4   >>>bdict2
5   {'a': 1, 'c': 3}
6   >>>bdict2.pop('b','404')
7   '404'
```

当 pop('d')时,删除了该键对应的键-值对,同时返回该键对应的值 4。当删除以'b'为键的值时,因为'b'不存在,default 的值设置为'404',所以返回值为'404'。

Python 字典中的 popitem()方法可以返回并删除字典中的最后一对键和值。例如:

```
1   >>>bdict2 = {'a': 1, 'b': 2, 'c': 3, 'd': 4}
2   >>>bdict2.popitem()
3   ('d', 4)
4   >>>bdict2.clear()
5   >>>bdict2
6   {}
7   >>>bdict2.popitem()
8   Traceback (most recent call last):
9     File "<pyshell#42>", line 1, in <module>
10      bdict2.popitem()
11  KeyError: 'popitem(): dictionary is empty'
```

第 4 行的 clear()方法删除了字典中的所有元素。当第 7 行再次调用 popitem()函数时,将返回第 8~11 行的 KeyError 错误。

3. 字典中键的特性

字典元素的值没有限制,可以取任意的 Python 对象,既可以是标准的对象,也可以是用户自定义的,但在使用字典的键时,应注意下列问题。

① 不允许同一个键出现两次。由于值通过键访问,所以键必须是唯一的。

② 键必须不可变。字典中的键只能是不可变数据,可以用数值、字符串或元组作为键,但当用列表作为键时,会提示 TypeError 错误。例如:

```
1   >>>bdict4 = {['a']: 10,( 2, 3): 6}
2   Traceback (most recent call last):
3     File "<pyshell#43>", line 1, in <module>
4       bdict4 = {['a']: 10,( 2, 3): 6}
5   TypeError: unhashable type: 'list'
```

4. 字典推导式

自 Python 2.7 以来,列表推导式的概念就移植到了字典上,从而有了字典推导式。字典推导式和列表推导式的使用方法类似,只是将中括号改成了花括号,其基本语法为

```
{表达式 for 迭代变量 in 可迭代对象 [if 条件表达式]}
```

下列代码可以将字典对象的 key 和 value 对调。

```
1   >>>cdict = {'a':1,'b':2,'c':3}
2   >>>{v:k for k,v in cdict.items()}
3   {1: 'a', 2: 'b', 3: 'c'}
```

6.5.4 实例

【例 6.5】 从键盘输入一篇英文文本,统计文本中所有单词的出现次数,并将次数按逆序排列。

需求分析如下。

输入(I):一篇英文文本。

输出(O):文本中所有单词的出现次数逆序排列。

处理(P):这里只分析逆序排列的问题(其他请参阅例 6.4)。考虑到单词和其出现的次数是一一对应的,因此选用字典作为存储数据结构,然后进行排序即可。代码如下。

```
1   #输入数据时,每个标点符号后面必须有空格
2   import string
3
4   def getWords(strparam):                        #处理字符串,让其不带有标点符号
5       words = []
6       for ch in strparam:
8           if ch in string.punctuation :
9               strparam = strparam.replace(ch,' ')
10      words = strparam.lower().split()
11      return words                               #返回单词列表
12
13  #处理文本多行输入
14  stopword = ''
15  inputStr = ''
16  print('请输入一段英文文本(按 Enter 键结束):')
17  for line in iter(input,stopword):
18      inputStr += line
19
20  result = getWords(inputStr)                     #处理以后的单词列表
21  resultset = set(result)                         #去掉重复的单词
22  resultdict = {}
23
24  for word in resulTset:
25      resultDict[word] = result.count(word)
26  resultList = list(resultDict.items())
27  resultList.sort(key=lambda x:x[1], reverse=True)
28  print('英文文本中出现的单词及其出现的次数为:')
29  for word, count in resultList:
30      print(word, ':', count)
```

程序运行结果如下。

```
请输入一段英文文本(只按 Enter 键结束):
You are welcome.
I am a teacher. You are a student. He is a student. She is a student.
Are you studying Python?
```

英文文本中出现的单词及其出现的次数为：

```
a : 4
are : 3
you : 3
student : 3
is : 2
he : 1
i : 1
am : 1
teacher : 1
studying : 1
python : 1
she : 1
welcome : 1
```

程序的第 25 行通过"键-值"的方式向字典 resultDict 写入值。单词作为键，单词出现的次数作为值。第 27 行通过 lambda 函数对转换成列表的 resultList 按第 2 列值进行排序，reverse 参数为 True，意味着按降序排列。第 29 和 30 行通过遍历输出统计结果。由于字典的无序性，因此程序运行结果中出现次数相同的单词的排序可能会不同。

上述代码通过字典排序输出统计词频结果，还可以通过 collection 模块中的 Counter 类实现词频的统计。代码如下。

```python
1   #输入数据时，每个标点符号后面要有空格
2   import string
3   from collections import Counter
4
5   def getWords(strparam):                          #处理字符串，使其不带有标点符号
6       words = []
8       for ch in strparam:
9           if ch in string.punctuation :
10              strparam = strparam.replace(ch,' ')
11              words = strparam.lower().split()
12      return words                                 #返回单词列表
13
14  #处理文本多行输入
15  stopWord = ''
16  inputStr = ''
17  print('请输入一段英文文本(按 Enter 键结束):')
18  for line in iter(input,stopWord):
19      inputStr += line
20
21  result = getWords(inputStr)
22  d = Counter(result)
23  k = d.most_common(len(d))
24  print('英文文本中出现的单词及其出现的次数为:')
25  for i in k:
26      print(str(i[0]+':'+str(i[1])))
```

程序运行结果和上一段代码相同,但通过 Counter 类实现词频的统计更为简洁。

6.6　序列的封包与解包

当把多个值赋给一个变量时,Python 会自动把多个值封装成元组,称为序列封包。把一个序列(列表、元组、字符串等)直接赋给多个变量,此时会把序列中的各个元素依次赋值给每个变量,但是元素的个数要和变量的个数相同,称为序列解包。

1. 序列封包

序列封包在 Python 实践中是非常常见的。例如:

```
1    >>>nums = eval(input('请输入 3 个数(用逗号隔开):'))
2    请输入 3 个数(用逗号隔开):12,52,31
3    >>>print(nums)
4    (12, 52, 31)
```

可以看到,当从控制台输入 3 个数“12,52,31”并将其赋给一个变量 nums 时,Python 会自动进行封包。结果如第 4 行所示,3 个数被封装成元组(12,52,31)赋给了 nums。

2. 序列解包

将一个值赋给多个变量。例如:

```
1    >>>tup = (1,2,3)
2    >>>a,b,c = tup
3    >>>print(a,b,c)
4    1 2 3
```

当将元组 tup 赋值给 a、b、c 三个变量时,Python 会自动进行解包操作。

Python 的解包也是非常灵活的。例如,当变量的个数少于序列元素的个数时,只要在变量前加“＊”,系统就能正确识别。即 Python 可以只解出部分变量,剩下的依然使用序列变量保存。例如:

```
1    >>>lst = list(range(6))
2    >>>lst
3    [0, 1, 2, 3, 4, 5]
4    >>>a, * b,c = lst
5    >>>a
6    0
7    >>>b
8    [1, 2, 3, 4]
9    >>>c
10   5
```

第 4 行等式左边的变量个数只有 a、b、c 三个，但因为 b 前加了"*"，所以 Python 会自动将最前面和最后面的两个值分别赋给 a 和 c，中间的其他元素则以列表的形式赋给了 b。即当需要单独使用序列中的某些变量时，Python 可以部分解包。

也可以同时运用封包和解包。将多个值一次赋给多个变量时，运用的原理就是序列的封包和解包。

```
1  >>>a, b, c = 1, 2, 3
2  >>>print(a, b, c)
3  1 2 3
```

上述代码中的"1,2,3"首先被打包成一个元组（封包），然后把元组通过序列解包将值赋给 a、b、c 三个变量。

从上面这 3 个例子可以看出，序列封包和解包简洁明了，不仅减少了程序员的代码输入量，更提高了程序的可读性。

本 章 小 结

本章主要介绍了 Python 的 4 种组合数据类型：列表、元组、集合和字典；然后介绍了各种数据结构的创建、访问和常用的操作方法；最后介绍了序列结构的封包与解包。

本 章 习 题

6.1　填空题。

（1）Python 提供了判断元素是否是序列中的元素的两个运算符，它们是＿＿＿＿＿和＿＿＿＿＿。

（2）若有列表 lst = list(range(10))，则表达式[2,3] in lst＝＿＿＿＿＿。

（3）若有列表 lst = [10,30,50,32,40]，则 lst[3]＝＿＿＿＿＿。

（4）若有列表 lst = [2,10,'Python',14.8,(10,9,8,7,5)]，则 L[−3]＝＿＿＿＿＿。

（5）若有列表 lst = list(range(20))，则 lst[2:5]＝＿＿＿＿＿，lst[::4]＝＿＿＿＿＿，lst[::−1]＝＿＿＿＿＿。

（6）若有列表 lst1 = [1,2,3]，lst2 = [4,5,6]，则 lst1 + lst2＝＿＿＿＿＿。

（7）若有列表 lst = [0]，则 lst * 5＝＿＿＿＿＿。

（8）若有列表 lst = [30,43,100,75,80]，则执行 sorted(lst)后，lst＝＿＿＿＿＿。

（9）若有列表 lst = [30,43,100,75,80]，则执行 lst.sort()后，lst＝＿＿＿＿＿。

（10）若有列表 lst = list('abcdef')，则 lst.pop()＝＿＿＿＿＿。

（11）[i ** 2 for i in range(10)]的结果是＿＿＿＿＿。

（12）tuple(range(5))的结果是＿＿＿＿＿。

（13）若有字典 aDict = {'a': 10,'b': 15,'c': 9,'d': 31}，则 aDict.get('a')＝＿＿＿＿＿。

(14) 若有字典 aDict = {'a': 10,'b': 15,'c': 9,'d': 31},则 aDict.values()=_____。

(15) 已知 fruits = ['peach','banana','pear'],则 print(fruits[1][2]) 的结果是_____,print(fruits.index('peach')) 的结果是_____,print('Pear' not in fruits) 的结果是_____。

6.2　选择题。

(1) 语句块: for i in list(range(1,11)): sum += i,运行后,sum 的值为(　　)。

A. 1　　　　　　　　　　　　　　B. 45

C. 55　　　　　　　　　　　　　　D. 语句块不能正常运行

(2) 循环语句: for i in range(1,10,3),执行循环的次数为(　　)。

A. 3　　　　　B. 4　　　　　C. 10　　　　　D. 30

(3) 下列数据结构中,其元素值不可以重复的是(　　)。

A. 列表　　　　B. 元组　　　　C. 字符串　　　　D. 集合

(4) 表达式: (4,) not in (4,10,5,7,9)的结果为(　　)。

A. true　　　　B. false　　　　C. True　　　　D. False

(5) 以下语句不能创建集合的是(　　)。

A. s=set()　　　B. s={}　　　C. s=set('abc')　　　D. s={1,2,3}

(6) 若 s1={1,2,3,4},s2={2,4,7},则 len(s1 & s2)的值为(　　)。

A. 7　　　　　B. 4　　　　　C. 5　　　　　D. 2

(7) 若 s1={1,2,3,4},s2={2,4,7},则 len(s1 | s2)的值为(　　)。

A. 7　　　　　B. 4　　　　　C. 5　　　　　D. 2

(8) 若 s1={1,2,3,4},s2={2,4,7},则 len(s1- s2)的值为(　　)。

A. 7　　　　　B. 4　　　　　C. 5　　　　　D. 2

(9) 若 aDict = {'age': 18,'score': 98,'name': 'ZhangSan','sex': 'male'},则和 aDict['score'] 结果相同的是(　　)。

A. aDict.score　　　　　　　　B. aDict.get('score')

C. aDict.values('score')　　　　D. aDict.key('score')

(10) 若 aDict = {'age': 18,'score': 98,'name': 'ZhangSan','sex': 'male'},则 aDict.popitem()的结果为(　　)。

A. ('sex', 'male')　　　　　　　B. ('name','ZhangSan')

C. ('score',98)　　　　　　　　D. ('age',18)

6.3　已知一个列表 lst = [30,1,2,1,0],依次执行以下命令,写出每条命令运行后的 lst 的值。

(1) lst.append(40)。

(2) lst.insert(1,43)。

(3) lst.extend([1,43])。

(4) lst.remove(1)。

(5) lst.pop(1)。

(6) lst.pop()。

(7) lst.sort()。

(8) lst.reverse()。

6.4　已知一个字典 s＝{ "John"：3, "Peter"：2}, 依次执行以下命令, 写出每条命令运行后 s 的值或输出结果。

(1) s["Susan"] = 5。

(2) s["Peter"] += 5。

(3) print(len(s))。

(4) print(list(s.keys()))。

(5) print(list(s.values()))。

(6) print(list(s.items()))。

(7) print("Susan" in s)。

(8) print(s.get("John"))。

(9) s.pop("Susan")。

(10) del s["John"]。

(11) s.clear()。

6.5　程序设计：定义函数, 参数为列表, 如果列表中有重复元素, 函数返回 True, 否则返回 False, 不允许改变原列表的值。编写调用该函数的测试代码。

6.6　程序设计：从控制台输入 5 个整数, 请将这 5 个数按逆序输出。

6.7　程序设计：在 26 个英文字母（包括大小写）和 0～9 这 10 个数字列表中随机生成 20 个 4 位的验证码。

6.8　程序设计：设计检测密码强度程序。输入一个 8～15 位长度的密码, 包含大小写字母、数字、标点符号的密码为强密码；包含其中两种的为中等强度密码；只包含一种的为弱密码。

6.9　程序设计：从控制台输入任意长度的数字列表（数字之间用逗号分隔）, 统计出现次数最多的值, 并将该数值及其出现次数输出, 如果出现次数最多的不止一个数字, 则一起输出。例如：在 23,45,23,12,3,6,4,4,3,12,23,12 中, 23 和 12 出现的次数最多, 都出现了 3 次, 则输出值为 23 和 12 以及次数 3。

6.10　程序设计：学生成绩表单如下表所示。

学号	1	2	3	4	5	6	7	8	9	10
成绩	52	73	85	97	83	92	67	60	78	90

设计程序, 按下列方案为成绩划分等级。

成　　绩	等　　级
成绩≥85	优秀
84≥成绩≥75	良好
74≥成绩≥65	一般
64≥成绩≥60	合格
60＞成绩	不合格

6.11　程序设计：学生成绩表单如下表所示。

学 号	1	2	3	4	5	6	7	8	9	10
成绩	52	73	85	97	83	92	67	60	78	90

设计程序，实现以下功能。

（1）输出成绩最高的学生及其成绩。

（2）输出成绩最低的学生及其成绩。

（3）输出所有学生的平均分（保留 2 位小数）。

（4）统计高于平均分的学生的人数。

6.12　程序设计：将省份名称及对应的省会城市名称用字典结构保存。提示用户输入某省份的省会城市名，判断用户的输入是否正确，重复这一过程，直到字典中的所有省份都提问完毕，并统计用户回答正确的次数。运行结果如下所示。

```
山东省省会是哪个城市？济南
答对了！
山西省省会是哪个城市？太原
答对了！
陕西省省会是哪个城市？太原
答错了！应该是：西安
辽宁省省会是哪个城市？沈阳
答对了！
云南省省会是哪个城市？昆明
答对了！
你答对了  4 个。
```

第7章

数据输入/输出操作

对于所有计算机软件程序,输入/输出都是用户和程序进行交互的主要途径。通过输入,程序可以获取运行时所需要的原始数据;通过输出,程序可以将数据的处理结果展示给用户。Python 程序必须通过输入和输出才能实现用户和计算机的交互,也才能实现软件的具体功能。

Python 的输入/输出操作可以通过两种方式实现:基本输入/输出和文件输入/输出。基本输入/输出已在第 2 章介绍,本章重点介绍文件输入/输出。

7.1 文件的基本操作

第 2 章通过 input()函数进行数据的输入,把用户输入的数据保存在变量中并进行数据的处理;处理完成后,再利用 print()函数将结果通过屏幕打印输出以完成系统需求。但通过变量保存的数据都存储于内存中,是暂时的,当程序终止时,它们就会丢失。为了能够永久保存程序中的数据,可以将其保存在文件中,存放在存储设备上。这样,数据就可以"移动"并被其他程序读取和操作了。

7.1.1 文件类型

按照数据的组织形式,可以把文件分为文本文件和二进制文件两大类。

1. 文本文件

文本文件是基于字符编码的文件,常见的有 ASCII 编码、Unicode 编码等。文本文件除了存储有效字符信息(如英文字母、汉字、数字字符、特殊字符等)外,不能存储其他任何信息,如声音、动画、图像、视频,甚至最常用的表格也不能通过文本文件进行存储。

简单地说,文本文件是指能够通过记事本等文本编辑器正常显示和编辑的文件。这种文件存储的内容为常规字符,每行以换行符"\n"结尾。在 Windows 平台中,扩展名为.txt、.log、.ini 的文件都属于文本文件。文本文件可以以字符或者字符串的形式进行读写。

2. 二进制文件

二进制文件是基于值编码的文件,以二进制方式存储。简单地说,二进制文件包括即除文本文件以外的所有文件。常见的二进制文件有图形图像文件、音视频文件、数据库文件、Office 文件等。这些文件无法用记事本或其他普通的字处理软件直接阅读和理解，需要使用专门的软件进行操作。图 7-1 就是使用 Windows 系统自带的记事本程序打开的 Word 文件。从图 7-1 中可以看出，该文件全部显示为乱码。

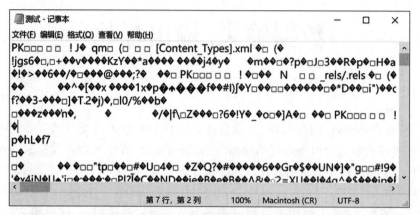

图 7-1　文本编辑器显示的二进制文件

实际上，文本文件在磁盘上也是以二进制形式存储的，只是在读取和查看时需要使用正确的编码方式进行解码，还原成字符串信息，以正常显示。

对 Python 程序而言，无论是文本文件还是二进制文件，它们的操作流程都是一样的。

① 打开文件并创建文件对象。

② 通过文件对象对文件进行读、写、删、改等操作。

③ 关闭文件并保存文件内容。

7.1.2　文件的打开与关闭

在进行文件的操作之前，首先需要使用 Python 内置的 open()函数创建一个和要操作的文件相关的文件对象，称为打开文件。最基本的 open()函数的语法为

```
fileObject = open(fileName,accessMode)
```

fileName：需要打开的文件名。

accessMode：文件打开模式，默认为只读模式('r')，取值如表 7-1 所示。

表 7-1　文件打开模式

模　　式	描　　述
'r'	只读（默认模式，可省略），如果文件不存在，则抛出 FileNotFoundError 异常
'w'	覆盖写，如果文件已经存在，则清空文件原有内容；如果不存在，则新建文件
'a'	追加写，如果文件已经存在，则不覆盖文件原有内容
'x'	创建写，如果文件已经存在，则返回异常 FileExistsError；如果不存在，则新建文件

续表

模　　式	描　　述
'b'	二进制模式(此模式可以和其他模式一起使用)
't'	文本模式(默认模式,可省略)
'+'	读和写模式(此模式可以和其他模式一起使用)

'r'、'w'、'a'、'x'代表不同的读写模式;'b'、't'代表不同的文件模式;'+'代表读写模式的扩展组合,三类可以组合使用。例如,open()函数默认使用'rt'只读文本模式,'rb+'代表读写二进制模式。注意:无论文件是文本文件还是二进制文件,都可以用文本模式和二进制模式打开,打开后的操作不同。

fileName 代表需要打开的文件名。可以使用相对路径打开文件。例如,下列语句将通过只读文本模式打开当前目录(用户的 Python 源程序文件所在目录)下名为 file1.txt 的文件进行读操作。

```
f1 = open('file1.txt','r')
```

也可以使用绝对文件名打开文件,如:

```
f2 = open(r'E:\job\Python\pybook\code\file2.txt','r+')
```

上述语句以读写文本模式打开了 E:\job\Python\pybook\code 路径下的 file2.txt 文件,对 file2.txt 既可以进行读操作,也可以进行写操作。绝对文件路径前的"r"表明后面的字符串是原始字符串,从而 Python 会将反斜线理解为字面意义上的反斜线。如果没有 r,则需要使用转义序列将上述语句改写为

```
f2 = open('E:\\job\\Python\\pybook\\code\\file2.txt','r+')
```

当对文件内容操作完毕后,一定要关闭文件对象,这样才能保证对文件所做的操作是有效的。关闭文件可以使用 close()方法,其语法为

```
f1.close()
```

值得注意的是:即使写了关闭文件的代码,也无法保证文件一定能够正常关闭。例如,在打开文件之后、关闭文件之前,如果程序因发生错误而崩溃,这时文件就无法正常关闭了。而上下文管理语句 with 则可以有效避免这种情况。with 语句可以自动管理资源,不需要调用 close()方法,无论因什么原因跳出 with 块,总能保证文件可以被正确关闭。with 语句的语法格式为

```
with open(fileName , accessMode, encoding) as fp:
    # fp 文件操作语句块
```

7.1.3　文件的操作

当一个文件被打开时,会自动产生一个文件指针,文件指针指向的始终是下一次读写操作的位置。在进行文件的读写操作时,文件指针会自动改变位置。

1. 文本文件的操作

文件常用的操作方法如表 7-2 所示。

表 7-2　文件常用的操作方法

方　　法	功　　能
read([size])	从文本文件读 size 个字符并返回,如果不带参数,则表示读取所有内容
readline()	从文本文件读取一行内容并返回
readlines()	从文本文件读取内容,每行作为一个字符串存入列表,返回列表值
write(s)	把字符串 s 写入文件
writelines(s)	把字符串列表 s 写入文件
tell()	返回文件指针的位置
seek(offset[,whence])	移动文件指针到指定位置

注意:表 7-2 的方法对于文本模式和二进制模式都是适用的,但是当文件以文本模式打开时,读写将按照字符串的形式进行;当文件以二进制模式打开时,读写将按照字节流的形式进行。

使用表 7-2 中的第 1～5 个读写方法时,操作都从指针当前位置(初次打开文件时,指针均在文件起始位置)开始,读写操作之后,指针会自动移动到新的位置。如果需要从指定位置读写文件,则可以采用 seek() 方法将文件指针移动到指定位置。

seek() 方法的 offset 参数指定指针偏移量,whence 参数指定偏移的参考位置:0 代表文件头(默认值),1 代表当前位置,2 代表文件尾。offset 参数的值可正可负,正值表示指针向文件结尾处移动,负值表示指针向文件起始处移动。例如,如果想从第 10 个字符处读取文件,则可以先使用 seek(10) 定位指针,然后用读操作完成。再例如,seek(-10,2)表示将文件指针从文件末尾向文件起始处移动 10 个字符。

【例 7.1】　文件写操作,写文件 file1.txt。

```
1   fp = open('file1.txt','w')
2   fp.write('The more you learn,')
3   fp.write('the more you know;\n')
4   fp.write('The more you know,')
5   fp.write('the more you forget;\n')
6   fp.write('The more you forget,')
7   fp.write('the less you know.\n')
8   fp.close()
```

上述程序使用写文本模式打开 file1.txt 文件并写入 3 行数据（代码第 2～7 行）。运行结果如图 7-2 所示。

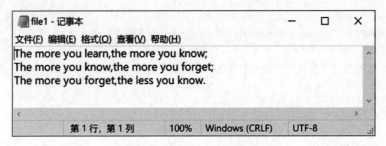

图 7-2 file1.txt 文件内容

当第 2 行代码运行时，文件指针定位在 file1.txt 的开头，第 2 行代码运行后，指针定位在单词 learn 后面，第 3 行代码运行后，因为换行符"\n"的原因，指针并没有定位在分号后面，而是定位在了 file1.txt 第 2 行的开始位置。所以当运行完第 8 行代码后，文件指针定位在 file1.txt 的第 4 行开头。程序最后会关闭文件，以保证 3 行数据正确无误地写入 file1.txt。

例 7.1 也可以通过更加简洁的 with 语句块完成，代码如下。

```
1   with open('file1.txt','w') as fp:
2       fp.write('The more you learn,')
3       fp.write('the more you know;\n')
4       fp.write('The more you know,')
5       fp.write('the more you forget;\n')
6       fp.write('The more you forget,')
7       fp.write('the less you know.\n')
```

使用 write()函数每次只能写入一个字符串变量，也可以将写入的内容放入列表，用 writeLines()函数写入，进一步简化例 7.1 的代码，如下所示。

```
1   lst = ['The more you learn,the more you know;\n',\
2           'The more you know,the more you forget;\n',\
3           'The more you forget,the less you know.\n']
4   with open('file1.txt','w') as fp:
5       fp.writeLines(lst)
```

【例 7.2】 文件读操作。读取文件 file1.txt 中的内容，并将其写入 file2.txt。

```
1   #通过遍历方式读取 file1.txt,将每次遍历到的内容写入 file2.txt
2   with open ('file1.txt','r') as fi,open('file2.txt','w+') as fo:
3       fo.write('#通过遍历读写文件:\n')
4       for x in fi:
5           fo.write(x)
6
7   #通过 read()方法一次性读取 file1.txt 中的所有内容,并将其写入 file2.txt
```

```
8    with open ('file1.txt','r') as fi,open('file2.txt','a+') as fo:
9        fo.write('#通过 read()写入:\n')
10       fo.write(fi.read())
11
12   #通过循环调用 readline()方法按行读取 file1.txt,并按行写入 file2.txt
13   with open ('file1.txt','r') as fi,open('file2.txt','a+') as fo:
14       fo.write('#通过 readline()写入:\n')
15       while True:
16           line = fi.readline()
17           if line:
18               fo.write(line)
19           else:
20               break
21
22   #通过 readlines()方法将 file1.txt 的所有行全部读取,一行作为一个元素组成列表
23   #把列表元素用 join()方法连接成一个字符串,写入 file2.txt
24   with open ('file1.txt','r') as fi,open('file2.txt','a+') as fo:
25       fo.write('#通过 readlines()写入:\n')
26       strLst = fi.readlines()
27       str = ''.join(strLst)
28       fo.write(str)
```

程序从 file1.txt 中读取文件内容,再依次写入文件 file2.txt。file1.txt 以"r"模式打开,指针定位在文件开头,随着读操作的进行,指针随读取的方向移动。file2.txt 第一次以"w+"模式打开,写操作完成后指针定位在写入内容的末尾,后面都以"a+"模式打开,写操作在指针当前位置进行。

代码第 4 行"for x in fi:"是读文件的遍历方式,Python 将文件作为一个行序列,循环变量 x 每次遍历到 fi 的一行内容,第 5 行"fo.write(x)"会把遍历到的内容 x 写入 fo。

该程序使用了 4 种读文件的方式,同时用不同的写方式配合不同的读方式,运行结果如图 7-3 所示。

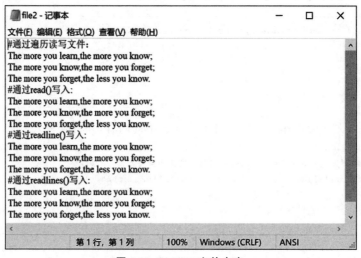

图 7-3   file2.txt 文件内容

　　3 个读文件的函数各有优缺点,在使用时应扬长避短。当 read()方法和 readlines()方法一次性读取文件所有内容时,读取大文件会占用更多的内存,如果文件非常大,尤其是当文件大于内存时将无法使用。readline()方法每次只读取一行内容,读取时占用的内存少,比较适合读取大文件。

　　【例 7.3】 文件内容更新操作。将文件 file1.txt 的第 2 行和第 3 行修改为: The more you know, the more you **give**; The more you **give**, the more you **get**.。将修改后的文件存入 file4.txt。

```
1   totalCount = 0                                     #文件的总行数
2   count = 0                                          #文件当前行数
3
4   with open('file1.txt') as fi:
5       for line in fi:
6           totalCount +=1
7
8   with open ('file1.txt','r') as fi,open('file4.txt','w+') as fn:
9       fn.write('#更新以后的内容为:\n')
10      for line in fi:
11          if count ==totalCount-2 :                  #如果当前行是第 2 行,则执行以下替换操作
12              if 'forget' in line:
13                  line = line.replace('forget','give')
14                  fn.write(line)
15          elif count ==totalCount-1:                 #如果当前行是第 3 行,则执行以下替换操作
16              if ('forget' or 'less' or 'know') in line:
17                  line = line.replace('forget','give')
18                  line = line.replace('less','more')
19                  line = line.replace('know','get')
20                  fn.write(line)
21          else:
22              fn.write(line)
23          count += 1
```

　　上述程序的第 4~6 行可以统计源文件 file1.txt 的行数。从第 8 行开始,每次替换前首先定位行(通过当前行 count 和总行数 totalCount 的比较完成),进一步定位行中需要修改的单词,定位到单词后,通过字符串的 replace(oldstr,newstr)方法进行单词的替换,最后通过 write()方法写入目标文件 file4.txt。程序运行结果如图 7-4 所示。

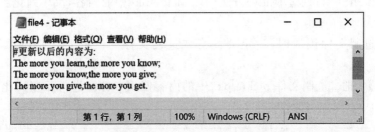

图 7-4　文件 file4.txt 文件内容

最简单便捷的文件内容删除方式就是将文件用"w"模式打开并向文件写入空串,这里不再举例说明。

2. 二进制文件的操作

二进制文件操作的关键是序列化和反序列化。序列化是指将内存中的数据转换为可以通过网络传输或存储到本地磁盘的二进制数据格式的过程;反之则称为反序列化。Python 中常用的内置序列化模块有 pickle、json、shelve 等。

下面以 pickle 为例对二进制文件进行读写操作。pickle 模块常用的读写方法如表 7-3 所示。

表 7-3　pickle 模块读写文件的方法

	语　　法	功　　能
序列化	dumps(obj)	返回 obj 对象序列化后的字节串形式
	dump(obj,file)	将 obj 对象序列化并写入文件 file
反序列化	loads(bytes_object)	从 bytes_object 中读取字节对象进行反序列化,得到原始数据
	load(file)	从二进制文件 file 中读取内容进行反序列化,得到原始数据

【例 7.4】　使用 pickle 读写二进制文件。

```
1   import pickle
2
3   #向文件写入二进制数
4   with open('pickle.pkl','wb') as fp:
5       pickle.dump('张三',fp)
6       pickle.dump('man',fp)
7       pickle.dump('20',fp)
8   #从文件读取二进制文件
9   with open('pickle.pkl','rb') as fi:
10      print(pickle.load(fi))
11      print(pickle.load(fi))
12      print(pickle.load(fi))
```

上述程序的第 5～7 行通过 dump()方法将不同的对象序列化为字节流,并写入文件 pickle.pkl,第 10、11 行通过 load()方法读取 pickle.pkl 中的内容,反序列化后得到原输入数据。

进行二进制文件读取时,一定要注意二进制文件的读取要严格按照写入的形式处理。

【例 7.5】　把二进制文件 pickle.pkl 中的内容使用 pickle 进行反序列化并写入文本文件 pickle.txt。

```
1   import pickle
2
```

```
3    with open('pickle.pkl','rb') as src, open('pickle.txt','w+',encoding = 'utf-8') as dest:
4        while True:
5            try:
6                data1 = pickle.load(src)
7                dest.write(data1+'\n')
8            except:
9                break
```

上述程序的第 6 行将二进制文件 pickle.pkl 中的内容通过 load()方法反序列化成字符串对象 data1,第 7 行将 data1 写入 pickl.txt 文件。pickle.pkl 和 pickle.txt 文件的内容如图 7-5 所示。

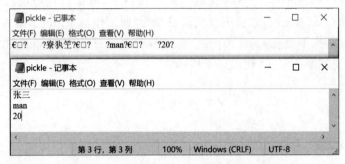

图 7-5 **pickle.pkl 和 pickle.txt 文件的内容**

7.1.4 os 和 os.path 模块

在进行文件操作时,通常需要使用与操作系统相关的功能,如路径的处理、文件的处理等操作。Python 提供了两个内置模块以实现这些功能。os 模块主要用于路径的添加、删除、复制,文件的重命名、复制、删除等;而 os.path 模块则主要用于路径判断、切分、连接等。

os 模块的常用方法如表 7-4 所示。

表 7-4 **os 模块的常用方法**

方　　　法	功　　　能
os.access(path,mode)	检测用户对 path 的访问模式(存在、可读、可写、可执行)
os.chdir(path)	将当前工作目录更改为 path
os.getcwd()	返回当前工作目录的字符串
os.listdir(path)	返回一个列表,该列表包含 path 中的所有文件与目录名称
os.mkdir(path[,mode])	创建一个名为 path 的目录
os.remove(path)	删除 path 指定路径的文件
os.removedirs(path)	递归删除目录
os.rename(src,dst)	将文件或目录 src 重命名为 dst
os.rmdir(path)	移除目录 path,如果目录不存在或不为空,则抛出异常
os.walk(top[,topdown])	生成目录及子目录下的所有文件名

【例 7.6】 在当前目录下创建 res 文件夹，并在 res 文件夹下增加一级目录 test。

```
1    import os
2
3    try:
4        os.mkdir(os.getcwd() + r'\res')
5        os.chdir(os.getcwd() + r'\res')
6        os.mkdir(os.getcwd() + r'\test')
7    except:
8        print('文件夹已经存在!')
```

上述程序通过 os.getcwd()方法获取当前工作目录，第 4 行在当前目录下创建文件夹 res，第 5 行通过 os.chdir()方法更改当前目录为"原工作目录/res"，第 6 行的作用同第 4 行，即在 res 文件夹下创建 test 文件夹。像这样的多级目录，也可以通过 makedirs()方法建立，代码将更加简洁明了，代码如下所示。

```
1    import os
2
3    try:
4        os.makedirs(os.getcwd() + r'\res\test',exist_ok = True)
5    except:
6        print('文件夹已经存在!')
```

【例 7.7】 文件的移动、重命名以及目录的删除。

```
1    import os
2    import time
3
4    timeStr = time.strftime('%Y - %m - %d %H:%M:%S',time.localtime())
5    with open(r'E:\job\Python\pybook\code\res\test\temp.txt','a+') as fp:
6        fp.write(timeStr + '\n')
7    os.rename(r'E:\job\Python\pybook\code\res\test\temp.txt',\
8                r'E:\job\Python\pybook\code\res\log.txt')
9    os.rmdir(r'res\test')
```

上述程序的第 4～6 行创建了内容为系统当前时间的文件 temp.txt，第 7、8 行将 temp.txt 文件移动到指定目录，并且重命名为 log.txt，第 9 行通过 rmdir()方法删除了 test 目录。

在例 7.7 中，当进行文件的操作时，由于文件不在当前目录中，因此采用绝对路径的方式完成，这样的操作非常不便。而且在整个路径中，部分文件夹是完全一样的。在这种情况下，可以采用 os.path 模块实现路径的切分和连接，操作更为方便。os.path 模块的常用操作方法如表 7-5 所示。

表 7-5 os.path 模块的常用方法

方　　法	功　　能
os.path.basename(path)	返回路径最后一个组成部分
os.path.isfile()	判断是否是文件
os.path.isdir()	判断是否是目录
os.path.exists(path)	如果 path 指向一个已存在的路径，则返回 True，否则返回 False
os.path.isdir(path)	如果 path 是现有目录，则返回 True
os.path.join(path, * paths)	拼接一个或多个路径部分。返回值为 path 和 * paths 所有值的连接
os.path.split(path)	将路径 path 拆分成 head 和 tail 两部分
os.path.splitext(path)	将 path 拆分成 root 和 ext，ext 为文件扩展名，使 root + ext == path

下面是对例 7.7 通过 os.path 进行调整之后的代码。第 9 行通过 os.path.split()方法把当前路径切分成 head 和 tail 两部分，tail 为 temp.txt，head 为除 temp.txt 以外当前路径的其余部分。调整目录结构，使程序更加简洁、灵活。

```
1    import os
2    import time
3
4    timeStr = time.strftime('%Y - %m - %d %H:%M:%S',time.localtime())
5    path = os.getcwd() + r'\res\test'
6    os.chdir(path)
7    with open('temp.txt','a+') as fp:
8        fp.write(timeStr + '\n')
9    root, last = os.path.split(os.getcwd())          #将当前路径切分为文件名和路径两部分
10   os.rename('temp.txt',root + '\log.txt')
11   os.rmdir(r'res\test')
```

【例 7.8】 在当前目录下，查找所有扩展名为 txt 的文件，统计其个数并打印输出。

```
1    import os
2    import os.path
3
4    count = 0
5    path = os.getcwd()
6    for root,dirs,files in os.walk(path):
7        for file in files:
8            ext = os.path.splitext(file)[1]
9            if ext =='.txt':
10               count +=1
11               print(os.path.basename(file))
12   print('文件总计为:{}个'.format(count))
```

上述程序第 6 行通过 os 模块的 walk()方法遍历当前目录及子目录下的所有文件

名。该方法执行后会得到一个三元元组(dirpath,dirnames, filenames),其中,dirpath 表示起始路径,dirnames 表示起始路径下的子文件夹,filenames 表示起始路径下的所有文件。第 8 行通过 splitext()方法将当前目录下所有文件所在的目录分割成扩展名和除扩展名以外的其他部分,以获取"txt"扩展名,依此进行统计。第 11 行通过 basename()方法获取文件名并打印输出。结果如图 7-6 所示,目录结构的不同会导致不同的输出结果。

```
bookComment.txt
bookCommnnetNew.txt
file1.txt
file2.txt
file3.txt
file4.txt
pickle.txt
log.txt
no-global-site-packages.txt
orig-prefix.txt
entry_points.txt
top_level.txt
dependency_links.txt
entry_points.txt
top_level.txt
eggnames.txt
entry_points.txt
LICENSE.txt
top_level.txt
文件总计为:19个
```

图 7-6 txt 文件及总数

Python 中还有其他的内置模块可以实现和文件与目录相关的操作,如 fileinput 模块、tempfile 模块以及进行高级文件和目录处理的 shutil 模块,本书不再详述,有兴趣的读者可以自行参考 Python 相关文档。

7.1.5 中文词频统计实例——jieba 库的使用

当文本中有明显的分割标志(如空格、特殊符号等)时,字符串的 split()方法可以对文本进行切分处理。但如果需要进行分词处理的是连续的英文或者中文,split()函数就无法处理了,这时可以选择 Python 第三方库 jieba 进行高效的分词处理。

jieba 库提供了中英文分词的支撑,它被称为最好的 Python 中文分词组件。jieba 分词功能用到的主要方法如表 7-6 所示。

表 7-6 jiaba 分词的主要方法及功能描述

方　　法	功　能　描　述
jieba.lcut(s)	精确模式,返回一个列表类型
jieba.lcut(s,cut_all=True)	全模式,返回一个列表类型
jieba.lcut_for_search(s)	搜索引擎模式,返回一个列表类型
jieba.add_word(s)	向分词词典中增加新词 s

jieba 库支持以下 3 种分词模式。

- 精确模式。试图将句子最精确地切开,适合文本分析。
- 全模式。把句子中的所有可以成词的词语都扫描出来,速度非常快,但是不能解决歧义。
- 搜索引擎模式。在精确模式的基础上对长词再次切分以提高召回率,适合用于搜索引擎分词。

下列代码可以对"计算机等级考试 Python 科目"这段连续文本进行 3 种不同模式的分词。从运行结果可以看出,对同一段连续文本,3 种分词模式划分的结果各不相同。其中,精确模式最接近人们日常的理解。还可以通过向分词词典中添加新词以满足需求。如果想要将"计算机等级考试"作为一个词理解,则可以通过第 10 行代码的形式向分词词典中添加新的词汇,然后用第 11 行代码进行精确模式分词,"计算机等级考试"就不再被划分成第 3 行展示的 3 个词,而是把它当作一个词处理。

```
1    >>>import jieba
2    >>>lst1 = jieba.lcut('计算机等级考试 Python 科目')
3    ['计算机', '等级', '考试', 'Python', '科目']
4    >>>lst2 = jieba.lcut('计算机等级考试 Python 科目',cut_all = True)
5    ['计算', '计算机', '算机', '等级', '考试', 'Python', '科目']
6    >>>lst3 = jieba.lcut_for_search('计算机等级考试 Python 科目')
7    ['计算', '算机', '计算机', '等级', '考试', 'Python', '科目']
8    >>>jieba.add_word('计算机等级考试')
9    >>>lst4 = jieba.lcut('计算机等级考试 Python 科目')
10   ['计算机等级考试', 'Python', '科目']
```

【例 7.9】　对文本 jiebaSrc.txt 的内容进行分词统计,并将词频统计排名前 10 的词条及统计结果按降序打印输出。

```
1    import jieba
2
3    src = 'jiebaSrc.txt'
4    with open(src, 'r', encoding ='utf-8') as fr:
5        srcData = fr.read()
6        srcDataList = jieba.lcut(srcData)
9        counts = {}
10       print('统计文档中排名前 10 的词频:')
11       for word in srcDataList:
12           if len(word) ==1:                          #删除标点符号以及单个文字,如:的、我、他等
13               continue
14           counts[word] = counts.get(word,0) + 1
14       li = list(counts.items())
16
17       li.sort(key=lambda x:x[1], reverse=True)   #由大到小排序
18       for i in range(10):
19           key,value = li[i]
20           print('{:>3d}\t{:<10}\t{}'.format(i+1,key,value))
```

程序运行结果如下。

```
统计文档中排前 10 的词频:
   1   金融      23
   2   发展      21
   3   支持      15
   4   长三角     13
   5   一体化     10
   6   政策      9
   7   建设      9
   8   重点      9
   9   资本      8
  10   大湾      7
```

7.2 Excel 文件操作

在日常工作中,大量数据以 Excel 文件的形式存储。Excel 自身包含许多函数,可以实现对数据的处理操作,但这是基于大量人工操作之上的。Python 作为编程语言,可以利用自身的函数库及第三方库通过程序控制读写及操作 Excel 文件,实现基本的数据处理。

xlrd、xlwt、xlsxwriter 和 openpyxl 是 Python 进行 Excel 文件操作的常用第三方库。其中,xlrd 支持 xlsx 与 xls 文件的读取,xlwt 支持 xls 文件的写入,xlsxwriter 支持 xlsx 文件的写入,openpyxl 支持 xlsm、xlsx 等 Excel 文件的读写。下面主要介绍 openpyxl 库的使用。

7.2.1 第三方库 openpyxl

openpyxl 有 3 个不同层次的对象:Workbook 对象(对应 Excel 工作簿)、Worksheet 对象(对应工作簿中的表单)和 Cell 对象(对应表单中的单元格)。

Workbook 对象的常用属性和方法如表 7-7 所示,其中大部分都与工作表有关。

表 7-7 Workbook 对象的常用属性和方法

属性和方法	功 能 描 述
active	获取当前活跃的表单,默认为第一个表单 Sheet1
properties	获取文档的元数据,如标题、创建者、创建日期等
sheetnames	获取工作簿中的表单名称,返回值为表单名称的列表
create_sheet()	创建一个空表单
remove_sheet()	删除一个表单
save()	保存工作簿

Worksheet 对象提供了非常灵活的方式以访问表格中的单元格和数据,常用的 Worksheet 属性和方法如表 7-8 所示。

表 7-8 Worksheet 对象的常用属性和方法

属性和方法	功 能 描 述
title	表单的标题
max_row	表单的最大行
max_column	表单的最大列
rows	按行获取单元格(Cell)对象
colums	按列获取单元格(Cell)对象

属性和方法	功 能 描 述
values	按行获取表单数据
cell(row,column)	获取(row,column)单元格的数据,返回的是 Cell 对象
append()	在表格末尾增加一行
merged_cells()	合并多个单元格
unmerged_cells()	取消单元格合并

一个 Cell 对象代表一个单元格,可以使用 Excel 坐标的方式(如 ws['A1'])获取 Cell 对象,也可以使用 Worksheet 的 cell()方法获取 Cell 对象。Cell 对象的常用属性如表 7-9 所示。

表 7-9　Cell 对象的常用属性

属　　性	功 能 描 述
row	单元格所在的行
column	单元格所在的列
value	单元格的值
coordinate	单元格的坐标

需要注意的是,当一个工作表被创建时,其中不包含单元格,单元格只有在被获取时才会被创建,为的是减少内存消耗。

对 Excel 文件进行操作一般需要获取 Workbook 对象、Worksheet 对象和 Cell 对象,通过调用这些对象的属性和方法对 Excel 中的数据进行操作。

7.2.2　读取 Excel 文件

一个 Workbook 对象代表一个 Excel 文档,在操作 Excel 之前,首先要创建一个 Workbook 对象。创建一个新的 Excel 文档可以直接调用 Workbook()方法,如下列代码的第 2 行;对于已经存在的 Excel 文档,使用 openpyxl 模块中的 load_workbook()方法进行读取,如下列代码的第 3 行,该函数包含多个参数,只有 filenames 参数为必传参数。filenames 可以是一个文件名,也可以是一个打开的文件对象。

```
1    >>>import openpyxl
2    >>>wb = openpyxl.Workbook('hello.xlsx')
3    >>>wb1 = openpyxl.load_workbook('abc.xlsx')
```

【例 7.10】　显示 salary.xlsx 表中的所有数据。salary.xlsx 的文件形态如图 7-7 所示。
代码第 5 行以行为单位获取表单全部数据并保存在 data 中,第 6 行对 data 进行遍历输出。

	A	B	C	D	E	F	G	H	I	J	K	L
1	工号	姓名	性别	部门	应出勤天数	实际出勤天数	基本工资	职务津贴	工龄工资	绩效标准	考核得分	应发合计
2	23180524237	周奕	女	20314	22	20	3000.00	0.00	100.00	1000.00		
3	23180764226	李依萍	女	20314	22	22	3000.00	0.00	200.00	1000.00		
4	23180924260	赵雅之	女	20317	22	22	6000.00	0.00	300.00	2000.00		
5	23181324213	李新	男	20315	22	22	8000.00	3000.00	400.00	2000.00		
6	23181334126	王博	男	30316	22	22	4500.00	1000.00	300.00	1000.00		
7	23181844302	杜秀儿	女	20314	22	22	4000.00	0.00	300.00	2000.00		
8	23181844203	段亿通	男	20317	22	20	5000.00	0.00	300.00	3000.00		

tmonth　Sheet2　Sheet3　⊕

图 7-7　salary.xlsx 文件形态

```
1    import openpyxl
2
3    book = openpyxl.load_workbook('salary.xlsx')
4    sheet = book.active              #获取当前活动表单——tmonth 表单
5    data = sheet.values              #将 tmonth 表单的数据以行为单位并保存在 data 中
6    for value in data:
7        print(value)
```

程序运行结果如下。

```
('工号', '姓名', '性别', '部门', '应出勤天数', '实际出勤天数', '基本工资', '职务津贴', '工龄工资', '绩效标准', '考核得分', '应发合计')
(23180524237, '周奕', '女', 20314, 22, 20, 3000, 0, 100, 1000, 0.91, 4010)
(23180764226, '李依萍', '女', 20314, 22, 22, 3000, 0, 200, 1000, 1, 4200)
(23180924260, '赵雅之', '女', 20317, 22, 22, 6000, 0, 300, 2000, 1, 8300)
...
```

【例 7.11】 读 salary.xlsx 中的实际出勤天数列,输出出勤天数最少的 3 名员工。

```
1    import openpyxl
2
3    workbook1 = openpyxl.load_workbook('salary.xlsx')        #加载工作簿对象
4    sheet = workbook1['tmonth']                              #获取 tmonth 表单
5    max_row = sheet.max_row                                  #获取最大行
6    dictRow = {}
7    print(sheet.cell(1,2).value,'\t',sheet.cell(1,6).value)  #获取列标题并输出
8    for row in range(2,max_row+1):
9        name = sheet.cell(row,2).value
10       days = sheet.cell(row,6).value
11       dictRow[name] = days
12   result = sorted(dictRow.items(),key = lambda d:d[1])
13   for i in range(3):
14       print('{:<4}\t{:>3}'.format(result[i][0],result[i][1]))
```

程序对单元格数据的读取采用了表单的 cell() 方法,如代码第 7 行中的 sheet.cell(1,2).value,cell(1,2) 返回表单第 1 行第 2 列单元格的 Cell 对象,cell(1,2).value 利用 Cell 对象的 value 属性读取单元格数据。

通过第 8 行代码的 for 循环语句对表单的所有行数据进行遍历,把表格每行的第 2

列和第 6 列单元格数据读出并写入对应的字典 dictRow 中(第 11 行代码),通过对字典的
排序(第 12 行代码)获取出勤天数最少的 3 名员工,调整格式并打印输出。

程序运行结果如下。

姓名	实际出勤天数
黄天阁	: 10
王琪	: 14
王福宝	: 16

7.2.3　写入 Excel 文件

下面以例 7.12 为例演示将数据写入 Excel 单元格的常用方法。

【例 7.12】　根据 salary.xlsx 中的实际出勤天数用以下公式计算考核得分和应发合
计,将计算结果填入对应的列。

考核得分＝实际出勤天数/应出勤天数

应发合计＝基本工资＋职务津贴＋工龄工资＋绩效标准×考核得分

```
1    import openpyxl
2
3    #向 Excel 表写数据
4    workbook1 = openpyxl.load_workbook('salary.xlsx')
5    ws = workbook1.active
6    max_row = ws.max_row
7    score = []                                          #存储考核得分
8    salary = []                                         #存储应发合计
9    for row in range(2,max_row+1):
10       day1 = ws.cell(row,5).value
11       day2 = ws.cell(row,6).value
12       day = round(day2/day1,2)
13       score.append(day)
14       sal_value = ws.cell(row,7).value + ws.cell(row,8).value + \
15               ws.cell(row,9).value + ws.cell(row,10).value * day
16       salary.append(sal_value)
17   for i in range(len(score)):
18       ws.cell(row = i+2,column = 11,value = score[i])
19       ws.cell(row = i+2,column = 12,value = salary[i])
20   workbook1.save('salary1.xlsx')
```

将数据写入列时,通过列表传递值是一种常规的操作。本程序通过 score 和 salary
两个列表分别接收计算所得的考核得分和应发工资,再通过第 17 行的循环将值写入对
应的单元格,最后通过 save()方法保存工作簿。save()方法是保存工作簿最简单、安全的
方法,但该方法在保存数据时会对表单的原有数据进行覆盖,也不做任何提醒,所以保存
时一定要慎重,尽量将文件另存为其他名称。

7.2.4 Excel 文件其他设定

利用 openpyxl 库也可以对表单和单元格进行格式设置。

1. 设置单元格风格

openpyxl.styles 模块中的 Font、Colors、Alignment、Border、Side 五个类可以对字体和边框进行相关设置。例如：

```
1  >>>from openpyxl .styles import Font,colors,Alignment,Border,Side
2  ...
3  >>>bold_itatic_24_font = Font(name='等线', size=24, italic=True, \
4       color=colors.RED, bold=True)
5  >>>sheet['A1'].font = bold_itatic_24_font
6  >>>sheet['B1'].alignment = Alignment(horizontal='center', vertical='center')
7  >>>sheet.row_dimensions[3].height = 40
8  >>>sheet.column_dimensions['B'].width = 20
9  >>>thin = Side(border_style = 'thick',color = colors.GREEN)
10 >>>border = Border(left = thin, right = thin, top = thin, bottom = thin)
11                              #left、right、top、bottom 分别表示边框的周边框线
12 >>>sheet['A5'].border = border
```

（1）字体

上述程序中的第 3 行代码用 font()方法生成了等线 24 号加粗斜体、字体颜色为红色的 font 对象 bold_itatic_24_font，并将其赋值给 A1 单元格的 font 属性，设置 A1 的字体。

（2）对齐方式

第 6 行代码用 alignment()方法生成了垂直居中和水平居中的对齐方式，并将其赋值给 B1 单元格的 alignment 属性。除了'center'方式，还可以使用'right'、'left'等对齐方式。

（3）设置行高和列宽

第 7 行代码用 sheet.row_dimensions[3]返回表单第 3 行的对象，调用其 height 属性将行高修改为 40。同理，第 8 行代码将 B 列列宽修改为 20。

（4）设置单元格边框

第 9、10 行代码用 side()方法和 border()方法生成边框对象，并将其赋值给 A5 单元格的 border 属性。

2. 合并和拆分单元格

所谓合并单元格，即以合并区域左上角的单元格为基准覆盖其他单元格，使之成为一个更大的单元格。相反，拆分单元格则是将大单元格拆分成若干小单元格。

合并一行中的多个单元格采用表单对象的 merge_cells()方法。合并后只可以在左上角写入数据，如果这些要合并的单元格都有数据，则只会保留左上角的数据，其他数据则会被丢弃。合并单元格可以合并一行中的若干单元格，也可以合并一个矩形区域。

拆分单元格使用 unmerge_cells()方法，拆分后，大单元格的值会回到左上角的单元

格中。

例如：

```
1  >>>sheet.merge_cells(start_row = 6,start_column = 1,end_row = 6,end_column = 2)
2  >>>sheet.unmerge_cells('A7:C7')
```

这里只合并和拆分了同行的单元格,如果合并矩形区域中的单元格,则可以修改 end
_row 参数,使其取值不同于 start_row 的值即可;拆分同理。

【**例 7.13**】 将例 7.12 操作完成的 salary1.xlsx 文件在最后增加一行,新一行 A 列的
数据为"合计",L 列的数据为所有员工应发工资的总和,并将该行 A 列和 L 列之间的所
有单元格合并。

```
1   import openpyxl
2   from openpyxl.styles import Border,Side,colors
3
4   #向 Excel 表追加行,合并单元格
5   workbook1 = openpyxl.load_workbook('salary1.xlsx')
6   ws = workbook1.active
7   max_row = ws.max_row
8   data = []
9   for row in range(2,max_row+1):
10      data.append(ws.cell(row,12).value)    #取 L 列所有人的应发工资
11  ws.append(['合计','','','','','','','','','','',0.0])
12  sum1 = sum(data)
13  ws.cell(36,12).value = sum1
14  ws['L'+'36'].number_format = ws['L2'].number_format
15  thin = Side(border_style = 'thick',color = '000000')
16  border = Border(left = thin, right = thin, top = thin, bottom = thin)
17  for str in [chr(i) for i in range(65,77)]:
18      ws[str +'36'].border = border
19  ws.merge_cells(start_row=36, start_column=1, end_row=36, end_column=11)
20  workbook1.save('salary2.xlsx')
```

程序第 9、10 行将 L 列的数据暂存于 data 列表中,第 11 行通过表单的 append()方
法在表单末尾添加了一行,第 12 行对 data 列表进行计算,并在第 13 行将统计数据写入
L(36,12)单元格。第 14 行对写入的数据格式进行了控制,第 15～18 行对新增加行的单
元格的边框进行了格式化,第 19 行实现了表单第 36 行 1～11 列单元格的合并。

以上只是简单地列出了一些常用的设定,详细内容请参阅 openpyxl 库操作手册。

7.3 CSV 文件操作

7.3.1 CSV 简介

CSV 是 Comma Separated Values 的缩写,即逗号分隔值,它是一种逗号分隔文本格

式,常用于数据交换、Excel 文件和数据库文件的导入和导出。CSV 文件用逗号作为分隔符分隔两个单元格,可以用 Excel 打开查看。由于 CSV 文件是纯文本,因此任何编辑器都可以打开它。与 Excel 文件不同,CSV 文件中的值没有类型,所有值都是字符串,不能指定字体颜色,不能指定单元格的高度和宽度,不能合并单元格,没有多个工作表,不能嵌入图像和图表。CSV 经常用来作为不同程序之间的数据交互格式。图 7-8 是使用记事本程序打开的一个 CSV 文件。

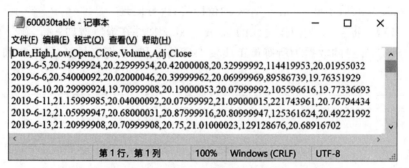

图 7-8　使用记事本程序打开的 CSV 文件

CSV 文件也可以使用 Excel 打开,如图 7-9 所示。

	A	B	C	D	E	F	G	H
1	Date	High	Low	Open	Close	Volume	Adj Close	
2	2019/6/5	20.55	20.23	20.42	20.33	114419953	20.01955	
3	2019/6/6	20.54	20.02	20.4	20.07	89586739	19.76352	
4	2019/6/10	20.3	19.71	20.19	20.08	105596616	19.77337	
5	2019/6/11	21.16	20.04	20.08	21.09	221743961	20.76794	
6	2019/6/12	21.06	20.68	20.88	20.81	125361624	20.49222	
7	2019/6/13	21.21	20.71	20.75	21.01	129128676	20.68917	

600030table

图 7-9　使用 Excel 程序打开的 CSV 文件

7.3.2　读取 CSV 文件

Python 内置了 csv 模块,只需要导入该模块即可对 CSV 文件进行操作。表 7-10 是 Python 读取 CSV 文件的常用方法。

表 7-10　csv 模块读取 CSV 文件的常用方法

方　　法	功　能　描　述
csv.reader(file,delimiter=',')	从 CSV 文件中读取的每一行都作为字符串列表。方法返回一个 reader 对象,利用该对象可以遍历 CSV 文件中的行
csv.DictReader(file,delimiter=',')	CSV 文件的第一行会被识别为键,非首行的每一行都会被识别为值,组成有序字典 OrderedDict。方法返回一个 DictReader 对象。此方法主要用于 CSV 文件数据带有表头

【例 7.14】　文件 600030table.csv 中存放有中信证券 2019 年 6 月 5 日至 12 月 31 日的交易数据。试读取该文件并将数据显示在控制台。

```
1    import csv
2
3    print('方式 1:')
4    with open('600030table.csv') as file:
5        csv_reader1 = csv.reader(file,delimiter = ',')
6        print(type(csv_reader1))
7        for row in csv_reader1:
8            print(row)
9    print('方式 2:')
10   with open('600030table.csv') as file:
11       csv_reader2 = csv.DictReader(file,delimiter = ',')
12       print(type(csv_reader2))
13       for row in csv_reader2:
14           print(row)
```

用 csv.reader()方法读取 CSV 文件时,表头也会随之读出,数据用逗号分隔,每行以列表的形式输出,部分输出结果如下所示。

```
方式 1:
<class '_csv.reader'>
['Date', 'High', 'Low', 'Open', 'Close', 'Volume', 'Adj Close']
['2019- 6- 5', '20.54999924', '20.22999954', '20.42000008', '20.32999992', '114419953',
'20.01955032']
```

用 csv.DictReader()方法读取 CSV 文件时,表头不再被直接读取,数据以有序字典的形式返回,部分输出结果如下所示。

```
方式 2:
<class 'csv.DictReader'>
OrderedDict([('Date', '2019/6/5'), ('High', '20.54999924'), ('Low', '20.22999954'),
('Open', '20.42000008'), ('Close', '20.32999992'), ('Volume', '114419953'), ('Adj Close',
'20.01955032')])
```

如果想获取表中的某一行,则可以先用 list()函数将 reader()方法返回值转换成列表,然后对列表进行操作,就可以获取某一行的内容了,如下所示。

```
1    import csv
2
3    with open('600030table.csv') as file:
4        reader = csv.reader(file)
5        result = list(reader)
6        print(result[1])
```

如果想获取表中某一列的内容,在例 7.14 的基础上,则对输出添加下标即可实现,如下所示。

```
1    with open('600030table.csv') as file:
2        csv_reader1 = csv.reader(file,delimiter = ',')
3        print(type(csv_reader1))                          #输出 csv_reader 对象类型
4        for row in csv_reader1:
5            print(row[0])                                 #输出第 Date 列
```

7.3.3　写入 CSV 文件

Python 写入 CSV 文件的常用方法是通过 csv 模块一行一行地写入，涉及的方法如表 7-11 所示。

表 7-11　csv 模块写入 CSV 文件的常用方法

方　　法	功　能　描　述
csv.writer(file, delimiter=',')	创建一个 writer 对象，file 为与 CSV 文件关联的文件对象
csv.DictWriter(file, fieldnames, delimiter=',')	创建一个 dictWriter 对象，file 为写入的文件，fieldnames 为定制 key
writer.writerow(lst)	将列表 lst 中的每个元素依次写入 CSV 文件的某行
dictWriter.writeheader()	写入一行字段名，只适用于 dictWriter 对象

【例 7.15】　列表 timeTable 中包含某员工每天上班的时间。请将该数据写入 new.csv 文件。

```
1    import csv
2
3    timeTable = [[4,3,4,5,6,8,2],
4                 [3,4,3,3,4,4,7],
5                 [3,4,3,3,2,2,3],
6                 [3,4,7,3,4,1,9],
7                 [5,4,3,6,3,8,3],
8                 [4,4,6,3,4,4,3],
9                 [7,4,8,3,8,4,3],
10                [3,5,9,2,7,9,6]]
11   with open('new.csv', 'w+', newline = '') as file:
12       csv_writer = csv.writer(file)
13       csv_writer.writerow(['Mon','Tue','Wed','Thu','Fri',
14                            'Sat','Sun'])
15       for row in range(len(timeTable)):
16           csv_writer.writerow(timeTable[row])
```

程序运行结果如图 7-10 所示。需要注意的是，程序第 11 行的 open('new.csv', 'w+', newline = '') 函数使用了值为空串的 newline 参数，其原因是：如果不设置 newline 参数为空串，则使用以上方法写入的 CSV 文件在用记事本打开时显示是正常的，但用

Excel 方式打开时行数据之间会有空行,而将 newline 参数设置为空串即可解决空行的问题。

	A	B	C	D	E	F	G
1	Mon	Tue	Wed	Thu	Fri	Sat	Sun
2	4	3	4	5	6	8	2
3	3	4	3	3	4	4	7
4	3	4	3	3	2	2	3
5	3	4	7	3	4	1	9
6	5	4	3	6	3	8	3
7	4	4	6	3	4	4	3
8	7	4	8	3	8	4	3
9	3	5	9	2	7	9	6

图 7-10　写入数据后的 new.csv 文件

相对于 Excel 文件,CSV 文件更加轻量,很多处理大量数据的程序都可能生成该文件,Python 除了通过 csv 模块操作 CSV 文件,Pandas 模块也提供了快速简便的 CSV 文件处理功能。

7.4　Word 文件操作

日常工作中经常需要进行 Word 文档处理,如果数据量多,涉及重复性和机械性操作,则可以借助 Python 通过程序进行处理。Python 中有专门的第三方库 docx,它可以创建和处理 Word 文档。但 docx 库只能解析 docx 文档,不能处理 doc 文档。

docx 库需要使用以下命令安装:pip install python-docx。

7.4.1　第三方库 docx

docx 库可以处理 Word 文档,docx 会把 Word 文档,文档中的段落、文本、字体、格式等都看作对象,对 Word 文档的处理就是对这些对象进行处理。

docx 库将 Word 文件分为 3 个层次的对象:Document 对象(对应 Word 文档)、Paragraph 对象(对应 Word 段落)和 run 对象(对应文本内容及其格式)。3 种对象之间的关系如图 7-11 所示。

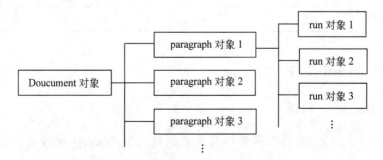

图 7-11　docx 中 Word 文档的层次关系

Document 对象的常用方法和属性如表 7-12 所示。

表 7-12 Document 对象的常用属性和方法

属 性 方 法	功 能 描 述
core_properties	可读可写,文件实例的核心属性
add_heading(text=u' ',level=1)	新增标题,level 是 0~9 的值
add_page_break()	增加分页符
add_paragraph(text=u ' ', style=None)	增加新段落,内容为 text,格式为 style
add_table(rows,cols,style=None)	新增一个 rows 行 cols 列、样式为 style 的表格
add_picture(image,width,height)	插入图片 image,width 和 height 为图片的宽和高
save (path)	将文档保存在 path 指定的路径下

Paragraph 对象的常用属性和方法如表 7-13 所示。

表 7-13 Paragraph 对象的常用属性和方法

属 性 方 法	功 能 描 述
style	段落样式
paragraph_format	段落对齐方式
add_run(text,style)	给段落增加一个 Run 对象,内容为 text,格式为 style
insert_paragraph_before(text,style)	在当前段落前新增一个段落,内容为 text,格式为 style

Run 对象的常用属性和方法如表 7-14 所示。

表 7-14 Run 对象的常用属性和方法

属 性 方 法	功 能 描 述
font	字体属性
bold	粗体和斜体属性,粗体为 True,斜体为 False
Emphasis	字符样式
add_picture(path,width,height)	在 Run 的末尾增加一幅图片
add_text(text)	给 Run 增加一段文本

7.4.2 读取 Word 文件

1. 建立 Document 对象

操作 Word 文件之前,首先需要打开或者创建一个 Document 对象 doc,其语法格式为

```
doc = docx.Document([filename])
```

参数 filename 是可选的,省略则会加载内置默认文件模板以创建新的 Word 文档。filename 既可以是带存储路径的文件名,也可以只是文件名,指定的是要打开的 Word 文件。

2. 获取 Paragraph 对象

Word 文件中的一个自然段就是一个 Paragraph 对象,用最简单的方式 doc.paragraphs 就可以获取 doc 对象全部段落的 Paragraph 对象。这是一个可迭代类型,可以通过下标索引的方式获取每个段落。例如,获取文章第一段的全部文字内容,可以使用以下代码。

```
1   p = doc.paragraphs[0]
2   p.text
```

3. 获取 Run 对象

在 Paragraph 对象中,文本内容和作用在这些文本内容上的排版设计(如字体、字号、加粗、颜色、居中等)称为一个 Run 对象。一个段落是由许多 Run 对象组成的,每个 Run 对象是相同样式的文本的延续,例如下面这一段文字有 6 个 Run 对象。

这是	一个	Python	读取	word	的测试!
Run0	Run1	Run2	Run3	Run4	Run5

与段落类似,使用 p.runs 命令就可以返回段落 p 的所有 Run 对象,返回的同样是可迭代类型,可以通过循环遍历获取每个与 run 对象相关的内容,如文本、对齐方式、加粗、斜体等。

【例 7.16】　读 Word 文档。对 demo.docx 文档(内容如图 7-12 所示)进行读取操作,并将其输出到控制台。

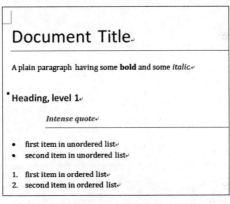

图 7-12　demo.docx 的部分内容

程序代码如下。

```
1    from docx import Document
2
3    doc = Document('demo.docx')
4    p = doc.paragraphs
5
6    print('==============原文档内容================')
7    for para in p:
8        print(para.text)
9
10   print('==============前5段run的具体情况================')
11   for i in range(5):
12       print('第{}段:'.format(i+1))
13       for j in range(len(doc.paragraphs[i].runs)):
14           print('run{}={}'.format(j,doc.paragraphs[i].run[j].text))
```

读取 Word 文档主要通过对 Document 对象的 Paragraphs 列表的遍历实现。
程序运行结果如下。

```
==============原文档内容================
Document Title
A plain paragraph having some bold and some italic.
Heading, level 1
Intense quote
first item in unordered list
second item in unordered list
first item in ordered list
second item in ordered list
==============前5段 Run 的具体情况================
第 1 段:
run0=Document Title
第 2 段:
run0=A plain paragraph having some
run1=bold
run2=and some
run3=italic.
第 3 段:
run0=Heading, level 1
第 4 段:
run0=Intense quote
第 5 段:
run0=first item in unordered list
```

7.4.3　写入 Word 文档

在默认形式下，用 docx 生成的 Word 文档可以显示中文，但大小不一，不美观，需要
对字体进行指定。可以通过下列语句对文档内容进行字体的全局设置。

```
doc.styles['Normal'].font.name=u'宋体'
doc.styles['Normal']._element.rPr.rFont.set(qn('w:eastAsia'),u'宋体')
```

创建一个 Word 文档就是创建文档包含的各种对象，并设置这些对象的格式。常用的方法在表 7-12 至表 7-14 中都已提及，下面以例 7.17 为例具体说明如何创建一个 Word 文档。

【例 7.17】　创建 Word 文档。

```
1   from docx import Document
2   from docx.shared import Cm,Pt                                 #引入单位换算函数
3   from docx.enum.text import WD_ALIGN_PARAGRAPH
4   from docx.oxml.ns import qn                                   #中文字体设置
5
6   document = Document()
7   #设置整个文档的中文字体
8   document.styles['Normal'].font.name = u'宋体'
9   document.styles['Normal']._element.rPr.rFonts.set(qn('w:eastAsia'), u'宋体')
10  t = document.add_heading('静 夜 思', 0)                        #增加文章标题,level=0
11  t.alignment = WD_ALIGN_PARAGRAPH.CENTER                       #标题居中
12
13  p = document.add_paragraph()                                  #新建段落
14  p.paragraph_format.alignment = WD_ALIGN_PARAGRAPH.CENTER      #段落居中
15  p.add_run('[唐]').bold = True                                 #为段落增加 Run 对象
16  p.add_run('\t 李白')
17
18  p1 = document.add_paragraph()
19  p1.paragraph_format.alignment = WD_ALIGN_PARAGRAPH.CENTER
20  run = p1.add_run('床前明月光,\n 疑是地上霜。\
21          \n 举头望明月,\n 低头思故乡。')
22  run.bold = True                                              #加粗
23  run.font.size = Pt(15)                                       #字号为 15 磅
24
25  document.add_heading('译文\n', 2)                             #增加 2 级标题
26  p2 = document.add_paragraph()
27  p2.add_run('明亮的月光洒在窗户纸上,好像地上泛起了一层白霜。\n')
28  p2.add_run('我抬起头来,看那天窗外空中的明月,\
29          不由低头沉思,想起远方的家乡。')
30
31  document.add_heading('注释\n', 2)
32  document.add_paragraph('静夜思:静静的夜里,产生的思绪。', style='List Bullet')
33  document.add_paragraph('床:有不同的说法', style='List Bullet')
34                                                               #带项目符号的段落
35
36  p3 = document.add_paragraph('井台。', style='List Number')
37  p3.style.paragraph_format.first_line_indent = Cm(0.74)       #首行缩进 0.74cm
38  document.add_paragraph('井栏。', style='List Number')         #带项目标号的段落
39  document.add_paragraph('床即通"窗"。', style='List Number')
40  document.add_paragraph('取本义,即坐卧的器具。', style='List Number')
```

```
41  document.add_paragraph('应解释为胡床。', style='List Number')
42
43  document.add_page_break()                                    #增加分页符
44  document.save('docWrite.docx')                               #保存文档
```

图 7-13 为例 7.17 的运行结果 docWrite.docx 文档的一部分。

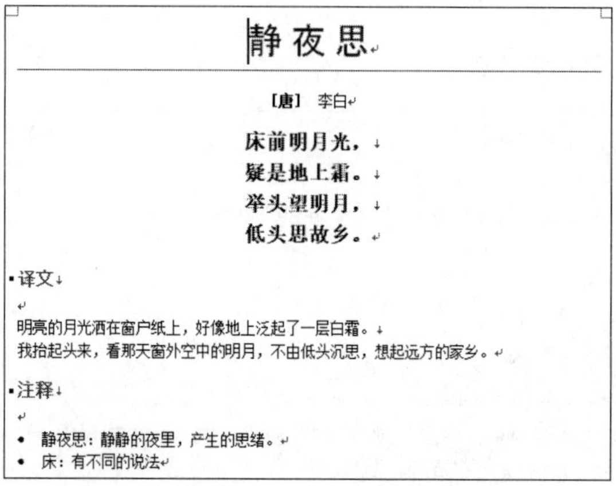

图 7-13　例 7.17 程序运行结果文档（部分）

7.5　SQLite 数据库操作

SQLite 数据库是一款非常小巧的嵌入式开源关系数据库软件，它的设计目标是嵌入式的，目前已经在很多嵌入式产品中被使用，它占用的资源非常少，在嵌入式设备中，可能只需要几百 KB 的内存就足够了。SQLite 能够支持 Windows、Linux、UNIX 等主流操作系统，同时能够和许多程序语言相结合，如 Tcl、C♯、PHP、Java 等，它还有 ODBC 接口，其处理速度比同样开源的 MySQL、PostgreSQL 更快。目前，SQLite 的最新版本为 SQLite 3。

Python 定义了一套操作数据库的 API 接口，只要提供符合 Python 标准的数据库驱动，任何数据库都可以连接到 Python。常用的 API 如表 7-15 所示。

表 7-15　Python 操作数据库的常用 API 接口

API	描　　述
connect（database ［，timeout ，other optional arguments］）	创建一个与数据库关联的 connection 对象，如果指定的文件名不存在，则创建一个数据库
connection.cursor（［cursorClass］）	创建一个 cursor
cursor.execute（sql ［，parameters］）	执行一条 SQL 语句
cursor.executemany（sql，p1,p2...）	执行多条 SQL 语句
connection.commit（）	提交当前事务
connection.close（）	关闭数据库连接

Python 通过 sqlite3 模块操作 SQLite,首先需要引入 sqlite3 模块,创建一个表示数据库的连接对象(connection 对象),然后有选择性地创建游标对象(cursor 对象),游标对象将执行所有 SQL 语句以获得执行结果。例如:

```
1   ...
2   >>>conn = sqlite3.connect("login.db")
3   >>>cur = conn.cursor()
4   >>>sql = "create table test (name varchar(10), age int(3))"
5   >>>cur.execute(sql)
6   >>>sql = "insert into test (name, password) values("admin", "123")"
7   >>>cur.execute(sql)
8   >>>sql = "select * from test"
9   >>>cur.execute(sql)
10  >>>sql = "select * from test where name=?"
11  >>>cur.execute(sql, ("admin",))
```

第 2 行代码创建了一个 conn 连接,连接到本地数据库文件"login.db",如果数据库不存在,则会在当前目录自动创建一个数据库。如果 connect()方法使用":memory:"表示文件名,则 Python 会创建一个内存数据库。内存数据库中的所有数据均保存在内存中,关闭连接对象时,所有数据会自动删除。如果使用空字符串作为文件名,则 Python 会创建一个临时数据库。临时数据库中有一个临时文件,所有数据都保存在临时文件中。连接对象关闭时,临时文件和数据也会自动删除。

第 3 行创建了一个游标对象,第 4 行通过游标的 execute()方法执行 SQL 语句完成了 test 表的创建。test 表创建完成后,通过第 6、7 行代码完成了记录的插入。通过第 8～11 行代码完成了对表数据的查询。通过 execute()方法执行记录的增、删、改操作之后,一定要执行连接对象的 commit()方法以提交修改。如果没有执行 commit()方法,则在关闭连接对象后,所有修改都会失效。如果操作有误,则可以通过连接的 rollback()方法撤销最后一个 commit()所做的修改。

查询结果可以通过游标对象的 fetchone()方法或者 fetchall()方法获取,结果将被保存在游标中,返回结果为元组类型。

与文件一样,在数据库的所有操作完成后,需要关闭连接,释放资源。关闭操作通过连接对象的 close()方法完成。

【例 7.18】 创建 SQLite 数据文件 test.db,并写入 3 条记录。

```
1   import sqlite3
2
3   conn = sqlite3.connect('test.db')
4   cursor = conn.cursor()
5
6   sql = "create table login(num integer(4) primary key, name varchar(10), password varchar(3))"
7   cursor.execute(sql)
8   data_ToBeInserted = ["1,'admin','123'","2,'guest','456'","3,'user','789'"]
9   sql_insert = "insert into login values"
10  sql_values = ""
```

```
11  for i in range(0,len(data_ToBeInserted)):
12      sql_values += '('
13      sql_values += data_ToBeInserted[i]
14      sql_values += '),'
15  sql_values = sql_values.strip(',')
16  sql_todo = sql_insert + sql_values
17  cursor.execute(sql_todo)
18  conn.commit()
19  cursor.close()
20  conn.close()
```

程序第 7～9 行创建了表 login，内含 3 列数据。第 9、10 将要插入的 3 条记录放入列表变量 data_ToBeInserted，第 11～19 行通过构建 SQL 语句将列表中的数据插入表 login，最后通过 commit() 方法提交修改，并关闭游标和数据库连接。

【例 7.19】 从 SQLite 文件中读数据，打印并输出到控制台。

```
1   import sqlite3
2
3   conn = sqlite3.connect('test.db')
4   cursor = conn.cursor()
5   cursor.execute('select * from login')
6   data = cursor.fetchall()
7   for row in data:
8       print(row)
9   cursor.close()
10  conn.close()
```

除了使用标准库 slite3 操作 SQLite 数据库以外，Python 还可以借助于功能强大的扩展库操作 Access、MySQL、MS SQL Server 等多种数据库。

7.6　文件综合实例

【例 7.20】 统计本次没有提交作业的学生名录、人数、作业提交率。学生名单存放于 1702score.xlsx 文件中，学生作业以"学号＋姓名.doc"或者"学号＋姓名.docx"为文件名存放于当前目录的 1702 文件夹中。1702score.xlsx 文件的形态如图 7-14 所示。

	A	B	C	D	E	F
1				山东财经		
2	开课学期: 2019-2020-1		课程: 数据科学基础（Python）		教师:	
3	序号	学号	姓名	班级	26日	20日
4	1	20171867201	崔悦	2017计算机科学与技术(金融信息化)2班	√	
5	2	20171867202	邓力瑜	2017计算机科学与技术(金融信息化)2班	√	

图 7-14　1702score.xlsx 表格形态

需求分析：为了统计未提交作业学生的名录，首先需要遍历"\1702"文件夹，找到所有提交的作业文件,然后提取文件主名和文件扩展名,并将文件主名中的学号部分(文件主名的前 11 个字符是学号)提取出来,作为遍历 1702score.xlsx 和统计相关信息的依据。具体代码如下。

```
1   import os
2   import os.path
3   import openpyxl
4
5   def getStuId(dir):
6       listId = []
7       for root,dirs,files in os.walk(dir):          #遍历 dir 指定的名录
8           for file in files:
9               ext = os.path.splitext(file)[1]        #提取扩展名
10              fname = os.path.splitext(file)[0]      #提取文件主名
11              if ext =='.doc' or ext =='.docx':
12                  listId.append(fname[:11])          #提取学号字符串存入 listId 列表
13              else:
14                  pass
15      return listId                                  #listId 存储了所有已提交作业的学生的学号
16
17  count = 0
18  idList = getStuId(r'E:\job\Python\pybook\code\1702')
19  book = \
20  openpyxl.load_workbook(r'E:\job\Python\pybook\code\1702\1702score.xlsx')
21  sheet = book.active
22  max_row = sheet.max_row
23  print('未提交作业的学生学号:')
24  for row in range(5,max_row+1):                     #前 4 行为表头
25      stuId = sheet.cell(row,2).value
26      if stuId not in idList:
27          count +=1
28          print(stuId)
29  print('未提交作业的人数为:',count)
    print('作业提交率为:{:.2f}%'.format(len(idList) * 100/(count+len(idList))))
```

根据现有模拟数据,程序运行结果如下。

```
未提交作业的学生学号:
20171867218
20171867225
20171867229
20171867235
20171867236
20171867239
20171867241
20171867243
未提交作业的人数为: 8
作业提交率为:80.95%
```

本 章 小 结

本章简单介绍了 Python 文件的基本操作,详细讲解了文本文件、二进制文件以及文件路径的基本操作和应用。基于文件的操作,以实例的方式简单介绍了 Python 对其他数据文件(Excel、CSV、Word 文件)的读写操作。

本 章 习 题

7.1　填空题。

(1) 按照数据的组织形式,可以把文件分为_____文件和_____文件(能用记事本直接查看)两大类。Python 的程序文件(*.py)是一个_____文件,一幅 JPG 格式的图像文件是一个_____文件。

(2) Python 常用的读取文件内容的方法有_____、_____和_____。

(3) Python 常用的写文件内容的方法有_____和_____。

(4) Python 常用的序列化模块 pickle 提供了_____、_____、_____和_____ 4 种序列化和反序列化方法。

(5) Python 提供的_____模块主要对操作系统下的文件和目录进行操作;而_____模块则主要对文件路径进行操作。

(6) 当一个文件被打开并进行操作时,一个被称为_____的对象就会定位在文件的某个位置。文件的所有操作都从_____位置开始。

(7) seek()函数用于移动文件读取指针到文件指定的位置,seek(0)将文件指针定位于_____,seek(0,1)将文件指针定位于_____,seek(0,2)将文件指针定位于_____。tell()函数返回_____。

(8) Python 程序中定义的变量存储于_____中,是_____的。为了能够永久保存程序中创建的数据,可以将其保存在_____中,存放在本地磁盘、网盘或者可移动存储设备上。

(9) 当文本中有明显的分割标志时,可以使用字符串的_____方法对文本进行切分处理,但如果文本中的内容是连续的英文或者中文,则采用_____扩展库对文本进行处理,该扩展库被认为是最好的中文切分组件,该库支持 3 种分词模式,分别是_____、_____和_____。

(10) openpyxl 库有 3 个不同层次的对象:_____(工作簿)、_____(工作表)和_____(单元格)。

(11) 用 openpyxl 模块操作 Excel 文件时,可以通过_____方法创建一个空白工作簿对象,也可以通过_____方法创建一个已有的 Excel 文件工作簿对象。

(12) CSV 是 Comma Separated Values 的缩写,是一种_____分隔文本格式,常用于数据交换、Excel 文件和数据库文件的导入和导出。CSV 文件中的所有值都是_____。

(13) Python 可以利用 docx 模块处理 Word 文档，docx 将 Word 文件分为 3 个层次的对象：_____、_____和_____。

7.2 选择题。

(1) 在读写文件之前，用于创建文件对象的方法是(   )。

    A. creat()　　　　　　B. read()　　　　　　C. open()　　　　　　D. file()

(2) 关于语句"f＝open('myfile.txt','r')"，下列说法不正确的是(   )。

    A. myfile.txt 文件必须已经存在

    B. 只能从 myfile.txt 文件读数据，而不能向该文件写数据

    C. 只能向 myfile.txt 文件写数据，而不能从该文件读数据

    D. r 方式是默认的文件打开方式

(3) 下列程序段的执行结果为(   )。

```python
with open('test.txt','w+') as fp:
    fp.write('ABCDEFG')
    fp.seek(2,0)
    txt = fp.read(3)
    print(txt)
```

    A. ABC　　　　　　　B. CDE　　　　　　　C. AB　　　　　　　D. CD

(4) 使用 open()方法创建文件对象时，下列(   )模式是默认的。

    A. "r"　　　　　　　　B. "w"　　　　　　　　C. "a"　　　　　　　　D. "rb"

(5) 为了能正确地读写二进制文件，除了"w"和"r"模式外，还需要加入(   )。

    A. "a"　　　　　　　　B. "+"　　　　　　　　C. "t"　　　　　　　　D. "b"

(6) 关于二维数据 CSV 的存储问题，以下描述中错误的是(   )。

    A. CSV 文件可以包含二维数据的表头信息

    B. CSV 文件的每行采用逗号分隔多个元素

    C. CSV 文件不是存储二维数据的唯一方式

    D. CSV 文件不能包含二维数据的表头信息

(7) 两次调用文件的 write()方法，以下描述中正确的是(   )。

    A. 连续写入的数据之间无分隔符

    B. 连续写入的数据之间默认采用换行符分隔

    C. 连续写入的数据之间默认采用空格分隔

    D. 连续写入的数据之间默认采用逗号分隔

(8) 关于 jieba 库的函数 jieba.lcut(x)，以下描述中正确的是(   )。

    A. 精确模式，返回中文文本 x 分词后的列表变量

    B. 搜索引擎模式，返回中文文本 x 分词后的列表变量

    C. 全模式，返回中文文本 x 分词后的列表变量

    D. 向分词词典中增加新词 w

(9) 下列选项中不是 Python 读文件操作方法的是(   )。

　　　A. read()　　　　　　B. readline()　　　　　C. readtext()　　　　D. readlines()

（10）关于 CSV 文件的扩展名，以下描述中正确的是（　　　）。

　　　A. 扩展名只能是 pickle　　　　　　　　B. 扩展名只能是 csv

　　　C. 扩展名只能是 txt　　　　　　　　　D. 可以为任意扩展名

（11）有一个文件记录了 300 名学生的期末成绩总分，每行为一名学生的成绩，要想只读取最后 10 名学生的成绩，不可能用到的函数是（　　　）。

　　　A. seek()　　　　　　B. readline()　　　　　C. open()　　　　　D. read()

　　7.3　程序设计：已知 path＝'D:\\mypython_exp\\new_test.txt'，请利用 os 模块和 os.path 模块实现下列操作。

　　（1）返回路径的文件夹名称。

　　（2）返回路径的最后一个组成部分。

　　（3）切分文件路径和文件名。

　　（4）切分驱动器符号。

　　（5）切分文件扩展名。

　　7.4　程序设计：打开 python 文件夹中的 news.txt 文件，从第 100 个字符开始读取 50 个字符并放入 text1 文件。从第 400 个字符开始读取 50 个字符并放入 text2 文件，然后将两个字符串连接并输出到控制台。

　　7.5　程序设计：根据控制台输入字符或单词，在文件 file1.txt 中查找，若找到该内容，则统计其出现的次数。

　　7.6　程序设计：将 7.1 题中的 text1 和 text2 写入文件 myNews.txt，写入形式如下。

第 100～150 个字符为：
text1 的内容
第 400～450 个字符为：
text2 的内容

　　7.7　程序设计：已知下列字符串。

　　text ＝"科技股整体强势，FAANG 五巨头中，苹果涨 0.72％，脸书涨 0.52％，谷歌涨 0.10％，亚马逊平盘，奈飞跌 0.08％。野村证券将苹果公司的目标价格从 225 美元上调至 240 美元，维持中性评级，分析师称苹果拥有强大的潜力。中概股方面，爱奇艺涨 5.21％，拼多多涨 3.35％，京东涨 2.40％，百度涨 1.72％，携程涨 1.26％，阿里巴巴涨 0.20％，蔚来汽车跌 2.55％，哔哩哔哩冲高回落涨 2.40％，公司获索尼 4 亿美元战略投资，双方将在多个领域合作。"请分离出其中的中文字符并进行分词处理，打印输出排名前 10 的词语。

　　7.8　程序设计：请将下列数据写入 Excel 文件，工作簿名称是 mybook，保存为 mybook.xlsx。

学　　号	姓　名	语文	数学	英语
20150215101	白安华	86	73	75
20150215102	常朋伟	70	60	89

续表

学 号	姓名	语文	数学	英语
20150215103	付吉康	93	67	98
20150215104	郭晓庆	70	76	90
20150215105	胡荣蝶	86	66	73
20150215106	胡晓悦	96	89	62

7.9　程序设计：对 7.8 题中生成的 mybook.xlsx 完成下列操作。

(1) 在"英语"列的后面增加一列"总分"，统计每名学生的成绩。

(2) 按总分统计成绩最高分、最低分和平均分。

(3) 在工作簿 mybook.xlsx 中增加一张名为"统计"的新表，写入第(2)题的统计结果。

(4) 将工作簿重命名为 mybooknew.xlsx。

7.10　程序设计：读取 7.8 题中生成的 mybook.xlsx，将其转换成 mybook.csv 文件。

7.11　程序设计：创建 Word 文档 mydoc.docx，写入如下内容。

Python 操作 Word 的入门教程(格式为标题 1)

前言(格式为标题 2)

在我们的工作中，如果仅单纯用 Word 完成工作文档，那必然是无可厚非的。但总是有一些场景会让你苦恼。比如大批量地从网页中复制一些信息并整理到 Word 中。(正文段落)

实战演示(格式为标题 2)

开始之前，先要安装第三方库 python-docx。(正文段落)

7.12　程序设计：请将 7.11 题中的标题 1 字体设置为：宋体，小二，加粗，黑色；将标题 2 字体设置为：宋体，小四，加粗，黑色；将正文设置为：宋体，五号，常规，黑色。

7.13　程序设计：读取 7.12 题所写文档的所有标题，并将其输出到控制台。

7.14　程序设计：编程实现过滤书评。如果一条书评中重复的字超过 70%，则认为该书评无效。将书评的内容存放在 bookComment.txt 中，每条书评之间用"##"隔开。

第 8 章

面向对象程序设计基础

面向对象的程序设计（Object-Oriented Programming，OOP）是一种计算机编程架构，它将对象作为程序的基本单元，将程序和数据封装在其中，以提高软件的重用性、灵活性和扩展性。OOP 从现实世界客观存在的事物（即对象）出发构造软件系统，并在系统构造中尽可能地运用人类的自然思维方式，直接以事物为中心思考问题和认识问题，并根据这些事物的本质特点把它们抽象地表示为系统中的对象，作为系统的基本构成单位。OOP 的基本思想是使用对象、类、继承、封装、事件等基本元素进行程序设计。本章将介绍面向对象程序设计的基础。

8.1 对 象 与 类

在面向对象程序设计中，现实世界中的一切实体都可以被看作对象，例如：一名学生、一张桌子、一门课程、一次授课过程、一次会议都可以被认为是一个对象，每个对象都有自己唯一的对象标识、属性和行为。

一个对象的标识就是对象的 id，就像人的身份证号码，这个对象 id 就是第 3 章提到的内置 id()函数的返回值（一个整数）。

一个对象的属性即对象的静态特征，在 Python 中用变量表示，又称数据域或实例变量。例如一个学生对象有姓名、学号等属性，可以分别用变量 name、number 表示。

一个对象的行为即对象的动态特征，在 Python 中用方法定义，也就是函数，可以通过这些方法代码描述对象的动作。例如可以给学生对象定义 getName()方法和 printScore()方法，调用学生对象的 getName()方法可以返回学生的姓名，调用学生对象的 printScore()方法可以打印学生的成绩。

对象的属性和方法统称为对象成员。

同一种类型的对象被称为类，类和对象的关系就如同模具和零件的关系。类定义了同一类型对象公有的属性和方法，是同一类型对象的抽象。

一个对象就是类的一个实例，由一个类可以创建多个不同的对象。由类创建对象的过程被称为类的实例化。图 8-1 是 Student 类及其创建的 3 个对象的示意图。

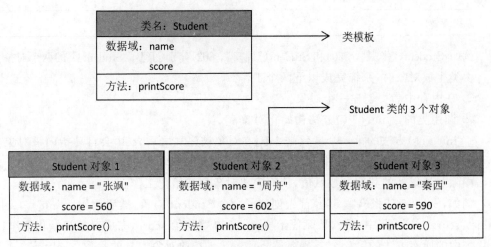

图 8-1 对象与类示意图

8.1.1 类的定义

【例 8.1】 定义学生类，将上面的 Student 类用 Python 代码实现，并保存为 Student. py 文件。

```
1   class Student:
2       def __init__(self, name, score):        #init 前后必须是两条连续的下画线中间没有空格
3           self.name = name
4           self.score = score
5
6       def printScore(self):
7           print("{}的成绩为:{:3d}".format(self.name, self.score))
```

Python 定义类的语法格式为

```
class 类名:
    构造方法定义
    方法定义
```

类名是用户自定义的标识符，一般习惯将类名的第一个字母大写，构成类名的每个单词首字母大写，例如 Student、Shape、LoanCalculator。

构造方法即例 8.1 第 2 行中的 __init__()方法，这是一个类中的特殊方法，它在创建类的新对象时会被自动调用，一般被设计成数据域变量的初始化动作，因此又称初始化方法，方法名"init"两端必须加两条连续下画线。

对象的方法用函数实现，如例 8.1 中的 printScore()方法。

8.1.2 构造对象

定义了类之后，可以使用如下语法格式由类创建对象。

类名(参数)

例如,Student("张飒", 560)和 Student("周舟", 602)分别创建了 Student 类的两个对象。由类生成对象时,系统完成以下两个工作。

① 在内存中为类创建一个对象。

② 调用类的_ _init_ _()方法初始化对象。

_ _init_ _()方法的第一个参数是 self,在对象被建立之后,self 会自动指向该对象本身,所以不需要人为赋值。在用类名(参数)创建对象时,其中的参数用来给_ _init_ _()方法中除 self 以外的其他参数赋值,从而完成对象的初始化工作。

例如,Student("张飒", 560)首先创建了一个 Student 对象,然后调用_ _init_ _(self, name, score)方法,其中,"张飒"赋值给 name,560 赋值给 score,完成对象初始化工作。

类中的所有方法的第一个参数都是 self,self 是指向对象本身的参数。self 是一个很特殊的参数,在调用类的任何成员方法时,都不需要给 self 参数传值。也就是说,self 这个参数只被用在方法定义中,在方法调用中不需要使用。self 的作用是可以在类定义中的任何位置使用 self 访问类定义中的成员,其语法格式为

self.数据域
self.方法名(参数列表)

例如,在类定义中可以用 self.name 访问 name 属性变量,也可以用 self.printScore()调用类中定义的成员方法 printScore()。

8.1.3　使用类

在定义好类并运行定义所在的 py 文件之后,就可以使用这个已定义的类了。

【例 8.2】　使用学生类 Student。

```
1   from Student import Student
2
3   def main():
4       s1 = Student("张飒",560)
5       s2 = Student("周舟", 602)
6       s1.printScore()
7       s2.printScore()
8       s2.score = eval(input("请输入学生{}的新成绩:".format(s2.name)))
9       print("学生{}的成绩为{:3d}".format(s2.name,s2.score))
10
11  main()
```

运行结果如下。

张飒的成绩为:560
周舟的成绩为:602

请输入学生周舟的新成绩：700
学生周舟的成绩为 700

Student 被定义在例 8.1 的 Student.py 文件中，如果程序需要使用 Student 类创建对象，则必须用第 1 行代码 from Student import Student 导入 Student 类。

第 4、5 行分别创建了两个不同的 Student 对象并赋给变量 s1 和 s2。变量 s1 和 s2 实际上是指向两个不同的 Student 对象的引用。变量和对象是不同的，但是大多数情况下这种差异是可以忽略的，所以为了简便，可以称 s1 是 Student 的一个对象，s2 是 Student 的一个对象。

创建对象后，为了访问这个对象的对象成员，需要使用以下语法格式。

对象变量名.数据域
对象变量名.方法名(参数列表)

其中，点运算符(.)是对象成员运算符，用来访问对象成员。

例 8.2 中第 6、7 两行代码调用了对象的 printScore()方法，输出了两个对象的姓名和成绩。第 8 行从键盘接收用户输入的一个新的成绩并赋给 s2 对象的 score 数据域，第 9 行则输出 s2 对象的 name 数据域并更新了对象的 score 数据域。

某些情况下，创建的对象在随后不需要被引用，这时可以创建对象，但不需要将它赋值给变量，通过这种方式创建的对象被称为匿名对象。例如如下语句：

```
print("成绩为：", Student("张飒", 560).score)
```

8.1.4　UML 类图

图 8-1 中的类模板和类对象可以用统一建模语言(UML)的符号表示，称为 UML 类图，各种程序设计语言都可以使用 UML 类图表达类的设计，如图 8-2 所示。

图 8-2　UML 类图

在 UML 类图中，初始化方法 _ _init_ _()不需要罗列在其中，因为它是被构造对象时的方法自动调用的。成员方法中的 self 参数在方法的参数列表中也不用列出，因为用户不需要给这个参数赋值。

【例 8.3】　设计 BankAccount 类，保存为 account.py 文件。

UML 类图如图 8-3 所示。

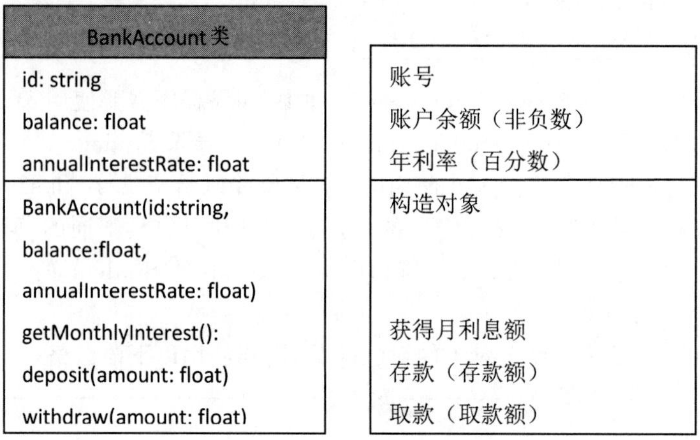

图 8-3　BankAccount 类的 UML 类图

代码实现如下。

```
1   class BankAccount:
2       def __init__(self, id = "", balance = 100.0, annualInterestRate = 0.0):
3           self.id = id
4           self.balance = balance
5           self.annualInterestRate = annualInterestRate
6
7       def getMonthlyInterest(self):
8           return self.balance * self.annualInterestRate / 12
9
10      def withdraw(self,amount):
11          if self.balance >=amount:
12              self.balance = self.balance - amount
13
14      def deposit(self,amount):
15          self.balance += amount
```

在 BankAccount 类的 __init__()方法中,给所有数据域都设置了默认值,如果在构造对象时不给出相应的实际参数,则数据域会用默认值。

8.1.5　隐藏数据域

通过对象变量可以直接访问数据域。例如以下代码用 BankAccount 类生成对象 ba,用第 2 行代码直接给数据域 balance 赋值。

```
1   >>>ba = BankAccount(20191016990001,100,0.05)
2   >>>ba.balance = -100
```

使用类的用户直接访问数据域是合法的,但这并不是一个好方法,数据域可能会被用户随意赋值,从而造成麻烦,例如 ba.balance＝－100,账户余额明显超出了数据域的合法取值范围,而程序员是没有办法控制用户的直接赋值的。所以为了避免这种麻烦,不能让用户直接访问数据域,要把它们隐藏起来,称为数据域私有化。

在 Python 类的定义中,被私有化的数据域变量名是以两条连续下画线开始的,同样的操作也可以将类的成员方法私有化。被私有化的对象成员在类定义外不能被访问,只能在类的内部被访问。为了让用户能够间接地访问数据域,应提供相应的 get 方法返回对应数据域的值、相应的 set 方法设置对应数据域的值。这样,在这些方法内部就可以用合适的算法控制数据域访问的合法性了。

【例 8.4】 修改例 8.3 中的 BankAccount 类,隐藏其中的数据域,代码如下。

```
1   class BankAccount:
2       def __init__(self, id = 0, balance = 100.0, annualInterestRate = 0.0):
3           self.__id=id
4           if balance >=0:
5               self.__balance = balance
6           else:
7               self.__balance = 0.0
8               print("账户余额不能为负值!余额被置为 0!")
9           self.__annualInterestRate = annualInterestRate
10
11      def getId(self):
12          return self.__id
13
14      def getBalance(self):
15          return self.__balance
16
17      def getAnnualInterestRate(self):
18          return self.__annualInterestRate
19
20      def setId(self, id):
21          self.__id = id
22
23      def setBalance(self, balance):
24          if balance>=0:
25              self.__balance = balance
26          else:
27              print("账户余额不能为负!")
28
29      def setAnnualInterestRate(self, annualInterestRate):
30          self.__annualInterestRate = annualInterestRate
31
32      def getMonthlyInterest(self):
33          return self.__balance * self.__annualInterestRate / 12
34
35      def withdraw(self,amount):
36          if self.__balance >=amount:
37              self.__balance = self.__balance - amount
38
```

```
39     def deposit(self,amout):
40         self.__balance += amount
```

BankAccount 类的所有数据域都定义为私有域,每个私有数据域都设置了一个相应的 get 方法返回该数据域的值,同时定义一个相应的 set 方法设置该数据域的值。这两个方法的方法头通常采用如下格式。

```
def getPropertyName(self):                    #获取数据域值的方法
def setPropertyName(self, propertyValue):     #设置数据域值的方法
```

第 23 行代码开始的 setBalance(self,balance)方法就是为了设置__balance 数据域的值而定义的,它在方法中对于参数 balance 的值的合法性进行了判断,从而防止用户将数据域设置成非法值。同样,在__init__()方法中也对初始化参数进行了合法性验证,从而保证构造对象时的合法性。

可以通过以下代码使用 BankAccount 类。

```
1    >>>from Account import BankAccount
2    >>>ba = BankAccount(20190001,-5000,0.045)
3    账户余额不能为负值!余额被置为 0!
4    >>>ba.setBalance(-50000)
5    账户余额不能为负!
6    >>>ba.setBalance(50000)
7    >>>print("账户{}\n 余额:{:d}\n 年利率:{:.3f}\n 每月可得利息:{:.2f}\n".  \
8        format( ba.getId(), ba.getBalance(),ba.getAnnualInterestRate(),    \
9        ba.getMonthlyInterest()))
10   账户 20190001
11   余额:50000
12   年利率:0.045
13   每月可得利息:187.50
```

注意:如果类被设计成其他程序使用的,则需要隐藏数据域;如果类只在类定义所在的程序中使用,则没有必要隐藏数据域。

8.2　类的抽象与封装

抽象与封装是面向对象的最基本特征。

类的抽象是对复杂实体的简明表示,它强调了人们所关心的或认为重要的信息,并将与当前目标无关的信息忽略。OOP 利用抽象性提取一个类或对象与众不同的特征,而不对该类或对象的所有信息进行处理。抽象性能够忽略对象的内部细节,隐藏不必要的复杂性。

例如,考虑固定电话和移动电话,我们在抽象时只在意它们都能拨号、讲话、听音,没有必要关心和了解它们的内部线路和工作原理。

类的封装是一种信息隐藏技术,即类内部的具体实现对使用类的用户来说是隐藏

的,不可以直接访问;外界只能看到封装界面上的信息,通过类的对外接口使用类。封装的目的在于将类的使用和类本身的实现分开。

例如,电话的零部件和线路封装在电话的外壳内,这样用户就看不到电话内部的复杂线路了,只要知道如何使用拨号、讲话、听音这些功能即可。

下面考虑将一笔贷款抽象成一个 Loan 类,在一笔贷款中需要有贷款额、贷款年限、贷款利息、贷款人姓名,能够计算月支付额、总支付额和每月的贷款摊销详细信息。用户在需要贷款时,根据用户输入的贷款人姓名、贷款额、贷款年限、贷款年利率创建一个 Loan 类的对象,用户可以利用计算月支付额和总支付额的方法获得这笔贷款的月支付额和总支付额,也可以调用计算贷款摊销的方法获得这笔贷款的详细摊销信息。图 8-4 给出了 Loan 类的 UML 类图。所有数据域都定义为私有的,在 UML 类图中,私有成员前面需要加短画线(-)表示其私有性。

Loan 类	
-name: str	贷款人姓名
-loanAmount: float	贷款额
-numOfYears: int	贷款年限
-annualInterestRate: float	贷款年利率
Loan(name: str, loanAmount: float, numOfYears: int, annualInterestRate: float)	构造对象
getLoanAmount(): float	返回贷款额
getnumOfYears(): int	返回贷款年限
getAnnualInterestRate: float	返回年利率
getName(): str	返回贷款人姓名
setLoanAmount(loanAmount:float): None	设置贷款总额
setnumOfYears(numOfYears:int): None	设置贷款年限
setAnnualInterestRate(annualInterestRate:float): None	设置年利率
setName(): None	设置贷款人姓名
getMonthlyPayment(): float	返回贷款的月支付额
getTotalPayment(): float	返回贷款的总支付额
amortizationOfLoans():None	返回贷款的每月摊销表

图 8-4　Loan 类的 UML 类图

【例 8.5】　根据 Loan 类的类图编程实现 Loan 类,代码如下。

```
1   class Loan:
2       def __init__(self, name='', loanAmount = 10000, \
3               numOfYears = 1, annualInterestRate = 2.5):
4           self.__name = name
5           self.__loanAmount = loanAmount
6           self.__numOfYears = numOfYears
```

```
 7              self.__annualInterestRate = annualInterestRate
 8
 9          def getName(self):
10              return self.__name
11
12          def getLoanAmount(self):
13              return self.__loanAmount
14
15          def getNumOfYears(self):
16              return self.__numOfYears
17
18          def getAnnualInterestRate(self):
19              return self.__annualInterestRate
20
21          def setName(self, name):
22              self.__name = name
23
24          def setLoanAmount(self, loanAmount):
25              self.__loanAmount = loanAmount
26
27          def setNumOfYears(self, numOfYears):
28              self.__numOfYears = numOfYears
29
30          def setAnnualInterestRate(self, annualInterestRate):
31              self.__annualInterestRate = annualInterestRate
32
33          def getMonthlyPayment(self):
34              monthlyInterestRate = self.__annualInterestRate / 1200
35              monthlyPayment = self.__loanAmount * monthlyInterestRate / (1 - (1 / \
36                  (1 + monthlyInterestRate) * * (self.__numOfYears * 12)))
37              return monthlyPayment
38
39          def getTotalPayment(self):
40              totalPayment = self.getMonthlyPayment() * \
41                  self.__numOfYears * 12
42              return totalPayment
43
44          def amortizationOfLoans(self):
45              monthlyInterestRate = self.__annualInterestRate / 1200
46              monthlyPayment = self.getMonthlyPayment()
47              balance = self.__loanAmount                              #结余,初始值为贷款额
48
49              print(format("月份", "<15s"), format("利息", "<15s"),\
50                  format("本金", "<15s"), format("剩余本金", "<15s"))
51
52              for i in range(1, self.__numOfYears * 12 + 1):
53                  interest = monthlyInterestRate * balance             #本月还的利息
54                  principal = monthlyPayment - interest                #本月还的本金
55                  balance = balance - principal                       #更新结余,其值为剩余本金
56                  print(format(i, "<12d"), format(interest, "<12.2f"), \
57                      format(principal, "<12.2f"), format(balance, "<12.2f"))
```

其中,数据域 name、loanAmount、numOfYears、annualInterestRate 都被定义为私有数据域,不能由类之外的用户访问,但用户可以用相关的 set 或者 get 方法访问对应的数据域。getMonthlyPayment()方法计算并返回贷款的月支付额,getTotalPayment()方法返回总支付额,amortizationOfLoans()方法以表格的形式输出这笔贷款每月的支付详情(包括利息和本金)。

用户在不了解 Loan 类的实现细节的情况下,只要有 Loan 类的 UML 类图,就可以使用这个类。

【例 8.6】 测试 Loan 类的代码。

```
1    from Loan import Loan
2
3    def main():
4        loanAmount = eval(input("输入贷款总额(元),例如 120000: "))
5        numOfYears = eval(input("输入贷款年限(年), 例如 5: "))
6        annualInterestRate = eval(input("输入贷款年利率,如 3.25: "))
7        name = input("输入贷款人姓名: ")
8
9        loan = Loan(name, loanAmount, numOfYears, annualInterestRate)
10
11       print("每月还款:{:.2f}".format(loan.getMonthlyPayment()))
12       print("总还款:{:.2f}".format(loan.getTotalPayment()))
13       loan.amortizationOfLoans()
14
15   main()
```

程序运行时,如果录入以下数值,则运行结果如下。

```
输入贷款总额(元),例如 120000: 120000
输入贷款年限(年),例如 5: 1
输入贷款年利率,如 3.25: 3.25
输入贷款人姓名: li
每月还款:10176.91
总还款:122122.97
```

月份	利息	本金	剩余本金
1	325.00	9851.91	110148.09
2	298.32	9878.60	100269.49
3	271.56	9905.35	90364.14
4	244.74	9932.18	80431.96
5	217.84	9959.08	70472.88
6	190.86	9986.05	60486.83
7	163.82	10013.10	50473.73
8	136.70	10040.21	40433.52
9	109.51	10067.41	30366.11
10	82.24	10094.67	20271.44
11	54.90	10122.01	10149.43
12	27.49	10149.43	-0.00

8.3　类的继承和多态

面向对象程序设计可以通过已有的类定义新类,这个已有的类和新类之间的关系就是继承关系。实际上,Python 中的所有类都是从 object 类继承而来的。

8.3.1　父类与子类

人们在对客观世界的事物进行描述时,经常采用分类的方法。类是有层次的,即某一类的事物可以分为若干小类,而这些小类可能又分为若干更小的类。面向对象思想也采用这种事物分类的层次思想,在描述类时,某些类之间具有属性和行为的共性。

例如,固定电话类与移动电话类均具有品牌、出厂日期、颜色等属性,在行为方面均具有拨号、讲话、听音等功能。将这些共性抽取出来可以形成电话类,描述固定电话类和移动电话类中的共性。电话类的属性特征和行为特征可以被固定电话类和移动电话类共享,固定电话类和移动电话类拥有电话类的属性特征和行为特征。

一个类继承另一个类,继承者可以获得被继承类的所有方法和属性,被继承者称为父类或者超类,继承者称为子类或导出类。在继承关系中,子类可以根据实际需要添加新的方法,也可以对从父类继承类而来的方法进行重写,上述电话类的例子中体现的就是面向对象的继承性,电话类就是一个父类,固定电话类和移动电话类就是由电话类派生出来的子类。

利用类之间的继承关系可以简化类的描述。在电话类中描述固定电话类和移动电话类的共性,在固定电话类和移动电话类中只描述各自的个性。

利用继承机制可以提高程序代码的可重用性。在设计一个新类时,不必从头设计,也不必重新编写全部代码,可以从已有的、具有类似特性的类中派生出一个子类并继承父类的特性,再设计子类的新特性即可。

继承具有传递性,例如,如果类 C 继承类 B,类 B 继承类 A,则类 C 也继承自类 A,类 C 继承了类 A 与类 B 的特性。

继承分为单继承和多继承。单继承指一个类只允许有一个父类,即类的继承等级呈现树状结构。多继承是指一个类可以有多个父类。

如果有明确指定的父类,则子类的类头采用如下格式。

```
Class 子类类名(父类 1,父类 2,…)
```

【例 8.7】　考虑对正多边形和圆形这样的图形对象设计类,它们有共同的属性,如颜色;它们还有共同的方法,如设置颜色的值、获得颜色的值。我们把这些共同的部分抽象成一个父类 Shape。由 Shape 类派生出正多边形类 RegularPolygon 和圆形类 Circle。图 8-5 是 Shape 类、RegularPolygon 类和 Circle 类的继承与派生关系图。

两个子类除了继承父类的可访问数据域和方法以外(私有成员不能被继承),还定义了自己的新数据域和新方法。

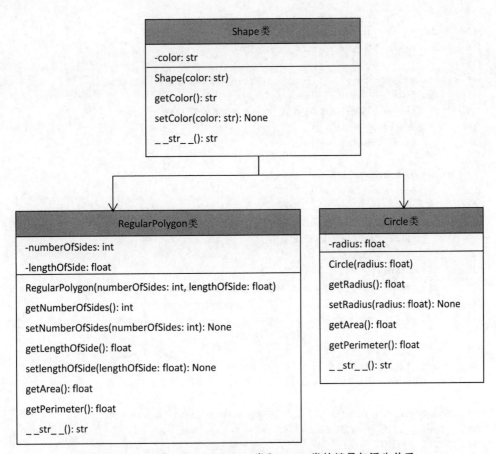

图 8-5　**Shape 类、RegularPolygon 类和 Circle 类的继承与派生关系**

RegularPolygon 类继承了 Shape 类的所有可访问成员,定义了自己的新的私有数据域 numberOfSides 和 lengthOfSide,以及与它们相关的 get 方法和 set 方法,还定义了返回面积和周长的方法。

Circle 类继承了 Shape 类的所有可访问成员,定义了自己的新的私有数据域 radius 以及相关的 get 方法和 set 方法,还定义了返回面积和周长的方法。

代码实现如下。

```
1    import math
2
3    class Shape:
4        def __init__(self, color = "blue"):
5            self.__color = color
6
7        def getColor(self):
8            return self.__color
9
10       def setColor(self, color):
11           self.__color = color
```

```
12
13    def __str__(self):
14        return "颜色: " + self.__color
15
16  class Circle(Shape):              #Circle 类继承 Shape 类
17    def __init__(self, radius=1):
18        #super()返回的是该类的父类,此句调用父类的__init__()方法
19        super().__init__()
20        self.__radius = radius
21
22    def getRadius(self):
23        return self.__radius
24
25    def setRadius(self, radius):
26        self.__radius = radius
27
28    def getArea(self):
29        return self.__radius * self.__radius * math.pi
30
31    def getPerimeter(self):
32        return 2 * self.__radius * math.pi
33
34    def __str__(self):
35        return "圆: " + super().__str__() + " 半径: " + str(self.__radius)
36
37  class RegularPolygon(Shape):      #RegularPolygon 类继承 Shape 类
38    def __init__(self, numberOfSides = 3, lengthOfSide = 1):
39        super().__init__()
40        self.__numberOfSides = numberOfSides
41        self.__lengthOfSide = lengthOfSide
42
43    def getNumberOfSides(self):
44        return self.__numberOfSides
45
46    def setNumberOfSides(self, numberOfSides):
47        self.__numberOfSides = numberOfSides
48
49    def getLengthOfSide(self):
50        return self.__lengthOfSide
51
52    def setLengthOfSide(self, lengthOfSide):
53        self.__lenthOfSide = lengthOfSide
54
55    def getArea(self):
56        return self.__numberOfSides * self.__lengthOfSide *   \
57            self.__lengthOfSide / math.tan(math.pi / self.__numberOfSides) / 4
58
59    def getPerimeter(self):
60        return self.__numberOfSides * self.__lengthOfSide
61
```

```
62        def __str__(self):
63            return "多边形: " + super().__str__() + "边数: " +    \
64                str(self.__numberOfSides) + "边长: " + str(self.__lengthOfSide)
```

在子类中可以直接调用父类中定义的可访问成员,第 19 行、第 39 行代码就是对于父类方法的调用。第 19 行和第 39 行代码中的 Circle 类和 RegularPolygon 类的构造方法中都使用 super().__init__()方法调用了其父类 Shape 的构造方法。第 35 行和第 63 行用 super().__str__()方法调用了其父类 Shape 的__str__()方法。这里的 super()方法指向的就是父类 Shape。而 Shape 类的__str__()方法实际上是 Shape 类的隐形父类 object 类中的一个特殊方法,将在 8.3.2 节详细介绍。

8.3.2   object 类

在例 8.7 中,Shape 类在定义时没有指定父类,如果在定义一个类时没有指定父类,则其父类默认是 object 类。

Python 中的所有类都派生自 object 类,object 类中定义的所有方法都以两条下画线开始,并以两条下画线结束。下面介绍 object 类的几个方法。

1. __new__()方法和__init__()方法

object 类有一个在创建对象时自动调用的__new__()方法,随后__new__()方法会调用__init__()方法从初始化对象,子类中一般会重新写这个__init__()方法,完成子类中定义的数据域的初始化工作。这就是我们在自定义类中定义的__init__()方法。这种继承了父类的方法,又对继承而来的方法按需求进行重写的操作被称为方法的覆盖。

2. __str__()方法

例 8.7 中的第 13、14 行代码定义的是一个 Shape 类的__str__()方法,这个方法也继承自 object 类,并对其进行了覆盖。object 类的__str__()方法返回的是一个类的字符串描述。例如:

```
1    >>>class A:
2        pass
3    >>>a = A()
4    >>>print(a)
5    <__main__.A object at 0x000002646C84C080>
```

代码中定义了类 A,由类 A 生成对象 a,在 print(a)时,系统利用类 A 的__str__()方法将 a 对象转换为字符串,而这里的__str__()方法就是类 A 从 object 类继承而来的,并且没有做任何改变,即没有对此方法进行覆盖。

可以看到,object 类的__str__()方法返回的字符串由生成对象的类名和对象所占内存地址的十六进制字符串组成,通常会对__str__()方法进行覆盖,使其返回更有用的字符串信息。例 8.7 中的第 13、14 行代码即对继承自 object 类的__str__()方法进行了覆盖,使其返回需要的信息字符串。

在 Shape 类的子类 Circle 代码的第 34、35 行,以及 RegularPolygon 类代码的第 62~64 行,又分别继承了 Shape 类的_ _str_ _()方法,并对其进行了覆盖。

8.3.3 方法覆盖

子类从父类继承了可访问的方法,可以根据需要修改这些方法,这称为方法的覆盖。方法的覆盖要求子类方法必须使用和父类方法相同的方法头。

例 8.7 中的第 4 行、第 17 行、第 38 行的_ _init_ _()方法,以及第 13 行、第 34 行、第 62 行的_ _str_ _()方法都是对于继承而来的父类方法的覆盖。

【例 8.8】 使用例 8.7 中定义的类,假设例 8.7 的代码保存于 shape.py 文件中。

```
1   from shape import Circle, RegularPolygon          #从 shape 模块中引入需要的类
2
3   c = Circle(5)
4   print(c)
5   print("圆面积:{:.2f}".format(c.getArea()))
6   print("圆周长:{:.2f}".format(c.getPerimeter()))
7
8   rp = RegularPolygon(4,2)
9   print(rp)
10  print("正{}边形面积:{:.2f}".format(rp.getNumberOfSides(),rp.getArea()))
11  print("正{}边形周长:{:.2f}".format(rp.getNumberOfSides(),rp.getPerimeter()))
```

第 4 行的 print(c)方法会自动调用 Circle 类中覆盖的继承自父类的_ _str_ _()方法,将其方法的返回值输出。第 10 行的 print(rp)方法会自动调用 RegularPolygon 类中覆盖的继承自父类的_ _str_ _()方法,将其方法的返回值输出。运行结果如下。

```
圆:  颜色:blue 半径:5
圆面积:78.54
圆周长:31.42
多边形:  颜色:blue 边数:4 边长:2
正 4 边形面积:4.00
正 4 边形周长:8.00
```

8.3.4 多态

多态是指一种事物的多种体现,是源自继承的一个面向对象的特性。下面以例 8.9 为例解释多态。

【例 8.9】 采用交互式运行模式运行以下代码。这段代码中定义了 Animal 类,并由 Animal 类派生了 Dog 类和 Cat 类,同时分别用这 3 个类生成了 ani、d 和 c 对象。

```
1   >>>class Animal:
2       def run(self):
```

```
3            print("动物在奔跑!")
4
5    >>>class Dog(Animal):
6        def run(self):
7            print("狗在奔跑!")
8
9    >>>class Cat(Animal):
10       def run(self):
11           print("猫在奔跑!")
12
13   >>>ani = Animal()
14   >>>d = Dog()
15   >>>c = Cat()
16   >>>
```

定义了一个类就是定义了一种数据类型,所以可以说 ani 是 Animal 类型,d 是 Dog 类型,c 是 Cat 类型。可以用 isinstance()方法判定一个变量是不是某种类型的,下面用下列代码判定 ani、d、c 的类型。

```
1    >>>isinstance(ani, Animal)      #判定 ani 是否是 Animal 类型
2    Ture
3    >>>isinstance(c, Cat)           #判定 c 是否是 Cat 类型
4    Ture
5    >>>isinstance(d, Dog)
6    Ture
7    >>>isinstance(d, Animal)
8    Ture
9    >>>isinstance(c, Animal)
10   Ture
11   >>>isinstance(ani, Dog)
12   False
13   >>>isinstance(ani, Cat)
14   False
15   >>>
```

通过第 3 行和第 9 行代码的输出可以看到,c 不仅是 Cat 类型,也是 Animal 类型。同样,第 5 行和第 7 行代码的输出表明,d 不仅是 Dog 类型,也是 Animal 类型。第 11、12 行代码表明 ani 不是 Dog 类型,同理第 13、14 行代码表明 ani 不是 Cat 类型。所以在类的继承关系中,如果一个实例的数据类型是某个子类,则其数据类型也可以被看作父类,即子类对象可以给父类对象赋值,反之则不成立。

下面用下列代码进一步体会多态的含义。

```
1    >>>def keepRunning(obj):
2        obj.run()
3        obj.run()
4
5    >>>keepRunning(ani)
```

```
6     动物在奔跑!
7     动物在奔跑!
8     >>>keepRunning(c)
9     猫在奔跑!
10    猫在奔跑!
11    >>>keepRunning(d)
12    狗在奔跑!
13    狗在奔跑!
14    >>>
```

第1～3行代码定义了 keepRunning()函数,在调用此方法时,程序并不在意传入对象是子类对象还是父类对象,只要传入的参数对象包含 run()方法即可,都会自动调用实际类型的 run()方法。例如,keepRunning(d)就是调用 Dog 类的 run()方法,keepRunning(ani)就是调用 Animal 类的 run()方法。不同对象的同一个操作有不同的结果,这就是多态。多态需要建立在子类继承父类,同时子类重写了父类方法的前提下。

即使新增一个 Animal 类的子类 Fish,keepRunning()方法依然可以正常执行。

```
1     >>>class Fish(Animal):
2         def run(self):
3             print("鱼儿不会奔跑!")
4
5     >>>f = Fish()
6     >>>keepRunning(f)
7     鱼儿不会奔跑!
8     鱼儿不会奔跑!
9     >>>
```

可以看到,多态增加了程序的灵活性,不论对象(Dog 对象、Cat 对象或 Animal 对象)如何变化,我们都是用同一种形式调用方法,例如上面的 keepRunning(obj),多态同时增加了程序的可扩展性,例如上面新定义了 Animal 的子类 Fish,keepRunning(obj)不需要做任何改变,只要传入 Fish 对象参数就可以调用 Fish 类的 run()方法(第6行代码)。

本 章 小 结

本章介绍了最基本的面向对象编程,包括类和对象的定义和关系、UML 类图、自定义类的实现、构造方法的特点以及如何使用类,包括构造类的对象、调用对象的属性和方法。然后介绍了类的抽象与封装、类成员的私有化。最后简单介绍了类的继承和多态。

本 章 习 题

8.1　什么是对象? 什么是类? 请描述对象和类之间的关系。

8.2　什么是构造方法? 构造方法的第一个参数 self 的作用是什么?

8.3　在类定义中,构造方法和其他方法的区别是什么?

8.4　在类定义中如何实现数据隐藏? 数据隐藏的意义是什么?

8.5　判断以下说法是否正确。

(1) 所有类都是 object 类的子类。

(2) 父类中的私有方法不能被子类覆盖。

(3) 类的私有属性可以用以下格式访问: 对象名.属性名。

(4) 定义类时必须指定基类。

(5) 私有成员在类的外部不能直接访问。

(6) Python 类的构造方法是_ _init_ _()。

(7) 封装、继承、多态是面向对象的三大特征。

8.6　读程序写结果。

(1)

```
1  class A:
2    def _ _init_ _(self,i=0):
3        self.i = i
4    def m1(self):
5        self.i * =10
6    def _ _str_ _(self):
7        return str(self.i)
8
9  a=A(15)
10 a.m1()
11 print(a)
```

(2)

```
1  class A:
2     def _ _init_ _(self,i=0):
3         self.i=i
4     def m1(self):
5         self.i += 1
6
7  class B(A):
8     def _ _init_ _(self,j=0):
9         super()._ _init_ _(3)
10        self.j=j
11    def m1(self):
12        self.i += 10
13
14 def main():
15     b=B()
16     b.m1()
17     print(b.i)
18     print(b.j)
19
```

```
20  main()
```

（3）

```
1   class Person:
2     def getInfo(self):
3        return "Penson"
4     def printPerson(self):
5        print(self.getInfo())
6
7   class Student(Person):
8     def getInfo(self):
9        return "Student"
10
11  Person().printPerson()
12  Student().printPerson()
```

8.7　程序设计：设计表示正方体的类 Cube，包括数据域 lenOfEdge，表示正方体的棱长，构造方法创建 lenOfEdge 默认值为 1 的正方体，getArea()方法返回正方体的表面积，getVolume()方法返回正方体的体积。

要求绘制 UML 类图，然后实现这个类，并编写测试程序，生成两个立方体对象，一个棱长为 6，另一个棱长为 9，分别显示这两个立方体的表面积和体积。

8.8　程序设计：将 8.6 题中设计的 Cube 类中的数据域 lenOfEdge 改为私有数据域，并为其设置获取 lenOfEdge 数据域的 getLenOfEdge()方法和 setLenOfEdge()方法。

8.9　程序设计：设计表示一只股票的类 Stock，定义表示股票名称（字符串类型）的数据域 name，表示股票代码（字符串类型）的数据域 id，表示当前股价（浮点数类型）的数据域 curPrice，表示前一交易日收盘价（浮点数类型）的数据域 pcPrice，将数据域都定义为私有。

定义返回股票名称的 getNames()方法、返回股票代码的 getId()方法，获得及设置 pcPrice 的 setPcPrice()方法和 getPcPrice()方法，获得及设置 curPrice 的 setCurPrice()方法和 getCurPrice()方法，定义 rateOfChange()方法返回当前股价相较前一日收盘价的变化率。

绘制 UML 类图，然后实现这个类，并编写测试程序，生成一个名称为 ABC、代码为 09001 的股票对象，其前一天的收盘价为 20.35，当前股价为 20.95。输出其价格的变化率。

第 9 章

金融数据分析初识

9.1 金融数据分析概述

人们从未像今天这样重视数据,商人根据数据推销商品,教师根据数据改进课程,学生根据数据选择心仪的学校和专业,防疫人员根据数据进行流行病学调查……数据已经渗透到当今每一个行业和业务职能领域,成为重要的生产因素。人们已经逐步从信息时代迈入数据时代,人们在各个方面对数据信息获取的要求越来越高。

21 世纪的世界经济具有经济全球化、数据信息化和国际金融化的发展特征。随着金融市场的日益繁荣,金融交易前所未有地活跃,随之而来的是各类交易数据的急剧增加,金融市场的走势也更加变幻莫测。金融服务业是世界上数据最为密集的行业之一,其数据主要包括金融交易数据、客户数据、运营数据、监管数据以及衍生的各类数据。人们期待着从这些海量的金融数据中能够把握市场脉搏的特征和规律。

传统的数理统计分析方法已经无法有效地处理大规模数据集,更不适合从数据中主动发现各种潜在的规律。随着数据库、人工智能等技术的发展与融合,数据处理技术也得到了突飞猛进的发展,人们终于拥有了发现和挖掘隐藏在海量数据背后的信息,并将这些信息转化为知识及智慧的能力,数据开始了从量变到质变的转化过程,信息社会迎来了新的时代——大数据时代。

9.1.1 数据、信息和知识

数据分析是指将数据转化为知识和智慧的手段。首先介绍数据、信息和知识的区别与联系。

1. 数据:符号、事实和数字

数据是可以记录、通信并能识别的符号,它通过有意义的组合表达现实世界中的某种实体(具体对象、事件、状态或活动)的特征。金融从业人员每天都要接触海量的数据,如股票交易数据、新闻舆情数据、宏观经济数据、客户信用数据等。这些数据既有结构化数据和半结构化数据,也有非结构化数据;既有静态的历史数据,也有动态数据流等。

2. 信息：有用的数据

信息是经过某种加工处理后的数据，是反映客观事物规律的一些数据。数据是信息的载体，信息是对数据的解释。信息虽然给出了数据中一些有一定意义的东西，但是它往往与当时的事件没有什么关联，还不能作为判断或决策的依据。

3. 知识：信息的再加工

知识是对信息内容的提炼、比较、挖掘、分析、概括、判断和推论。也就是说，人们对信息进行再加工，并深入分析和总结，就获得了有用的知识。知识是用来解决问题和辅助人们进行决策的。

数据本身并不具有价值，只能承载信息并经过整理才能成为知识，知识经过应用才能诞生智慧。

如何从如此海量、繁杂的互联网金融大数据中实时、快速地识别、抓取和处理这些数据，从而得到有用的信息并从中抽取出可以辅助决策的知识，是人们处理金融业务时的一个巨大挑战。因此，数据分析在数据、网络、金融等领域的地位越来越重要。数据分析是指应用在大量数据的基础上，结合科学计算、机器学习等技术对数据进行清洗、去重、规格化和针对性的分析，得出的结论可以用于商业决策、业务需求分析等领域。

Python 简单易学，语言通用，在科学计算方面十分有优势，是数据分析的主流工具之一。

9.1.2　金融数据分析流程

金融数据分析流程包括以下几步。

1. 分析设计

首先是明确数据分析目的。只有明确目的，数据分析才不会偏离方向，否则得出的数据分析结果没有指导意义，这一步是确保数据分析过程有效进行的先决条件。

当分析目的明确后，需要对分析思路进行梳理，把分析目的分解成若干分析要点，例如如何具体开展数据分析，需要从哪几个角度进行分析，采用哪些分析指标，运用哪些理论依据等。

明确数据分析目的以及确定分析思路可以为数据收集、处理、分析提供清晰的指引方向。

2. 数据收集

数据收集是指按照确定的数据分析思路收集相关数据的过程，这一过程可以为数据分析提供素材和依据。这里的数据既包括股票、债券、基金、期货等相关信息，也包括财经新闻、理财公告及各种舆情数据。

3. 数据处理

数据处理是指对采集的数据进行加工和整理，以形成适合数据分析的样式。这一步的基本目的是从大量收集到的数据中排除错误的数据，抽取并推导出对解决问题有价值、有意义的数据。对错误的数据进行分析而得到的结果也是错误的，不具备任何参考价值,甚至还会误导决策。

数据处理主要包括数据清洗、数据转化、数据抽取、数据合并、数据计算等。一般而言数据都需要进行一定的处理才能用于后续的数据分析工作。

4. 数据分析

数据分析是指用适当的分析方法及工具对收集到的数据进行分析,提取有价值的信息并形成有效结论的过程。

Python 拥有简单的语法和高效的开发方法,很容易实现数学计算和金融算法,易于将数学问题转化为代码实现。同时,Python 有大量的库和工具,不论是金融衍生品还是大数据分析,都能发挥重要的作用。Python 不仅是一种语言,更是一个生态系统,是金融业理想的技术框架。

5. 数据展现

数据分析的结果以及隐藏在数据内部的关系和规律既可以用文字描述进行表达,也可以用图表的方式进行呈现。相较而言,图表的直观性和有效性远优于文字。数据展现中常用的图表包括饼图、柱形图、条形图、折线图、散点图、雷达图等,也可以对这些图表进一步加工,形成金字塔图、矩阵图、瀑布图、漏斗图、帕雷托图等表达力更丰富的图形。

Python 的 matplotlib 绘图库有丰富的方法、完备的文档、良好的交互方式、上百幅有源程序的缩略图,可以高效方便地绘制各种图表,从而实现数据可视化。

6. 报告撰写

数据分析报告是对整个数据分析过程的总结与呈现。通过报告把数据分析的起因、过程、结果及建议完整地呈现出来,以供决策者参考。

整个数据分析的流程如图 9-1 所示。

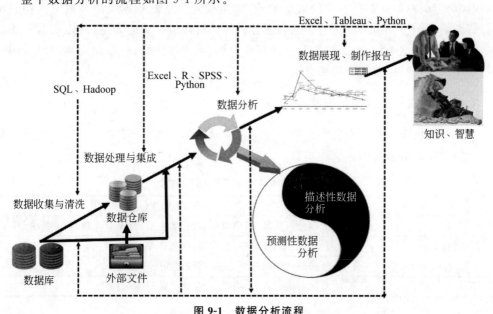

图 9-1　数据分析流程

9.2　金融数据类型和结构

数据分析的核心是数据，而数据的获取和恰当的表示是数据分析的基石。

9.2.1　金融数据的获取

对数据分析来说，丰富、高质量的数据源是数据分析的根本。

可以通过金融企业的内部数据库直接获得数据源，也可以通过多种其他渠道获得数据源。例如，可以通过与数据拥有方签署合作协议获取所需的金融数据，也可以通过购买财经金融数据库获得数据源。国内常用的财经金融数据库包括万得、同花顺、CCER经济金融数据库以及国泰安经济金融研究数据库等，并且部分数据库也开发了针对Python 的 API 接口，以方便用户直接通过 Python 提取需要的数据。此外，Python 还支持国外数据源，例如雅虎财经、谷歌财经等。

此外，还可以通过数据采集工具"网络爬虫"自行获取数据源，即可以通过 Python 网络爬虫，按照一定规则自动采集公开的客户信息、投融资信息、金融舆情信息、市场数据、财务报表、股票、基金、利率等信息，为数据分析提供数据来源。

9.2.2　金融数据类型和数据结构

从各个渠道收集数据时，尤其是利用网络爬虫从互联网上采集金融数据时会遇到各种各样类型的数据。按照行业领域划分，包括股票、证券、债券、期货等理财数据，P2P 数据、众筹数据、电子商务数据、微博、微信、贴吧等社交平台的互联网金融评论数据、新闻财经数据等。从数据自身的结构类型角度进行划分，包括数字、短文本、长文本、图片、音频、视频等。面对如此多种多样的数据形式，如何找到合适的数据类型和数据结构表示和处理它们，是利用 Python 进行金融数据分析的关键环节。幸运的是，Python 拥有丰富的数据类型和数据结构，前面的章节已经有所介绍，本章不再赘述，仅对金融领域常用的数据类型和数据结构进行分析和总结。

1. 金融领域常用基本数据类型

需要分析的金融数据中主要有数字和字符串两大基本类型，表 9-1 列出了金融数据分析领域常用的数据类型。

表 9-1　金融领域常用的基本数据类型

数 据 类 型	应 用 举 例
整型（int）	上市公司数量、股票数量、投资者人数、交易日天数、债券面值等
浮点型（float）	利率、汇率、收益率、波动率，财务比率、股价等
复数（complex）	金融时间序列分析、美式期权定价等
字符串（string）	新闻舆情信息、公司名称、金融产品要素名称等

2. 金融领域常用基本数据结构

前面的章节已经详细介绍了列表、元组、集合、字典等 Python 的组合数据结构。这些内置的数据结构不仅可以方便用户游刃有余地使用 Python 进行开发，也是金融领域数据分析的利器。

除了以上数据结构，本章还将介绍一种新的数据结构——数据框（DataFrame），它是一种类似于 Excel 表结构的数据结构，其具体内容将在 9.4 节详细阐述。表 9-2 给出了这几种数据结构及其在金融领域的使用频率。

表 9-2　金融领域常用的基本数据结构

数据结构类型	简　　介	金融领域使用频率
集合（set）	类似数学中的集合，具有互异性、确定性、无序性	低
元组（tuple）	一组有序且不可改变的数据，它的元素个数是固定的	较低
列表（list）	一组有序数据，可以灵活地对元素进行增、改、删	高
字典（dict）	一组没有顺序的键-值对，键必须是唯一的	较低
数据框（dataFrame）	与 Excel 工作表结构类似，有索引（index）和列名（column）	高

3. NumPy 数据结构

NumPy 是 Python 的科学计算基础包，它具有独特的数据结构——数组。数组是在金融领域广泛应用的数据结构，能够进行高性能的操作。

具体来说，NumPy 模块提供了 Python 对 n 维数组对象的支持：ndarray 数组中的元素必须为同一数据类型，这一点与 Python 的列表是不同的。NumPy 支持高级、大量的维度数组与矩阵运算，也针对数组运算提供了大量的数学函数库。

此外，在金融产品定价、风险管理建模等领域需要大量用到模拟，而模拟的核心就是生成随机数。通常，随机数来自某种分布，而不是真正的随机。NumPy 提供了基于各种统计分布的随机数生成方法，可以很方便地根据需要生成各类随机数。

NumPy 库的具体使用方法将在 9.3 节详细介绍。

4. Pandas 数据结构

Pandas 是 Python 的数据分析包，它是基于 NumPy 的数据分析工具。该模块中具有使数据清洗和分析工作变得更快、更简单的数据结构和大量标准数据模型，同时包含大量数据处理方法，在数据清洗、转换、分组、聚合、规整、重塑等方面提供了大量高效且强大的工具，是 Python 成为强大的数据分析工具的重要因素之一。

Pandas 经常和其他工具一同使用，如数值计算工具 NumPy 和 SciPy，分析库 statsmodels 和 scikit-learn，数据可视化库 Matplotlib。

Pandas 的主要数据结构有两种：序列（series）和数据框（DataFrame）。序列用于处理一维数据,数据框用来处理二维数据。这两种数据结构足以应对金融领域的数据分析需求。

Pandas 的具体使用方法将在 9.4 节详细介绍。

9.3 NumPy 库简介

NumPy(Numerical Python)是 Python 中的科学计算基础包,提供多维数组对象、各种派生对象(如掩码数组和矩阵)以及用于数组快速操作的各种方法。NumPy 比列表结构(该结构也可以用来表示数组)要高效得多,并且是许多高级库的基础,如 Pandas、Matplotlib 等。现在一般通过 NumPy、SciPy(Scientific Python)和 Matplotlib(绘图库)的结合替代 MATLAB,是一个流行的技术计算平台。

9.3.1 NumPy 基本概念

NumPy 库的核心是由同种元素组成的多维数组,这个数组被称为 ndarray。ndarray 对象的值为 array 类型,人们习惯性地称 ndarray 为 array,但和 Python 标准库中的 array 不同,标准库中的 array 只处理一维数组,并且功能很少,而 NumPy 中的 ndarray 则强大得多。

在 NumPy 中,ndarray 的维度(dimensions)称为轴(axes),轴的个数称为秩(rank)。例如,[1,2,3]是一维数组,它有一个轴,秩为 1;数组[[1,2,3],[4,5,6]]的维度为 2,它有两个轴,秩为 2,如图 9-2 所示。三维数组[[[1,2,3],[4,5,6]],[[7,8,9],[10,11,12]],[[13,14,15],[16,17,18]]]的轴为 3,秩为 3,如图 9-3 所示。

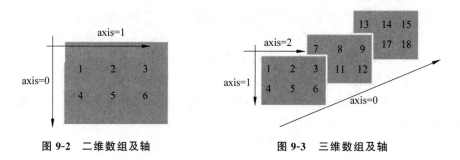

图 9-2　二维数组及轴　　　　图 9-3　三维数组及轴

轴的命名从 0 开始计算。将一维数组唯一的一个轴命名为 0 轴,二维数组的两个轴分别命名为 0 轴和 1 轴,三维数组的三个轴分别命名为 0 轴、1 轴和 2 轴,依此类推。

9.3.2 多维数组 ndarray

ndarray 数组对象是 NumPy 中最基本也是最重要的数据结构,该对象是一个通用的同构数据多维容器,即 ndarray 中的所有元素都必须是相同的数据类型。

1. 数组的创建

利用 array()方法将序列作为参数创建数组,如下所示。

```
1  >>>import numpy as np
2  >>>lst = [1, 2.5, 3]
3  >>>a = np.array(lst)
4  >>>a
5  array([1. , 2.5, 3. ])
6  >>>a = np.array('abcd')
7  >>>a
8  array('abcd', dtype='<U4')        #dtype 代表数组数据类型,具体见表 9-5
```

需要注意的是,通过 array()方法创建数组对象时,传入的参数一定是序列,而不是多个参数。以下调用方式是错误的。

```
1  >>>a = np.array(1,2.5,3)
2  Traceback (most recent call last):
3     ...
4  TypeError: array() takes from 1 to 2 positional arguments but 3 were given
```

array()方法还可以将序列的序列转换成二维数组,将序列的序列的序列转换成三维数组,等等。例如:

```
1  >>>b = np.array([(1,2,3),(4,5,6)])
2  >>>b
3  array([[1, 2, 3],
4         [4, 5, 6]])
```

也可以在创建时用 dtype 参数显式指定数组的类型,例如:

```
1  >>>c = np.array([(1,2,3),(4,5,6)],dtype = complex)
2  >>>c
3  array([[1.+0.j, 2.+0.j, 3.+0.j],
4         [4.+0.j, 5.+0.j, 6.+0.j]])
```

NumPy 提供了 arange()方法以创建数字组成的数组,arange()方法类似于 Python 的内置函数 range(),只是该方法返回的是数组而不是列表。例如:

```
1  >>>np.arange(10)
2  array([0, 1, 2, 3, 4, 5, 6, 7, 8, 9])
3  >>>np.arange(1,5)
4  array([1, 2, 3, 4])
5  >>>np.arange(5,10,2)
6  array([5, 7, 9])
7  >>>np.arange(0,1.5,0.2)
8  array([0. , 0.2, 0.4, 0.6, 0.8, 1. , 1.2, 1.4])
```

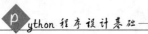

arange()方法的参数还可以是 float 类型的,如第 7 行所示,但采用这种方式生成的数组会因为浮点数精度的问题很难确定生成的数组元素的个数。出于这个原因,通常采用 linspace()方法创建 float 类型的数组,其基本格式为

```
np.linspace(start,end,step)
```

该方法根据在 start 到 end 数据之间等间距地生成数组,通过第 3 个参数 step 控制所创建数组的元素个数。例如:

```
1   >>>np.linspace(0,1,5)
2   array([0., 0.25, 0.5, 0.75, 1.])
3   >>>np.linspace(0,1,9)
4   array([0., 0.125, 0.25, 0.375, 0.5, 0.625, 0.75 , 0.875, 1.])
```

当数组的元素未知,但其大小已知时,NumPy 提供了一些方法用来创建有初始占位内容的数组,这样做会使数组增长的必要开销最小化。例如:

```
1   >>>np.zeros((3,4))                 #生成 3×4 的全 0 数组
2   array([[0., 0., 0., 0.],
3        [0., 0., 0., 0.],
4        [0., 0., 0., 0.]])
5   >>>np.ones((3,4),dtype = np.int32)  #生成 3×4 全 1 的数组,也可以指定类型
6   array([[1, 1, 1, 1],
7        [1, 1, 1, 1],
8        [1, 1, 1, 1]])
9   >>>np.empty((2,3))                 #生成值为随机数的 2×3 的数组
10  array([[2.12199579e-314, 2.12199579e-314, 2.12199579e-314],
11       [2.12199579e-314, 2.12199579e-314, 2.12199579e-314]])
```

NumPy 的 random 模块中包含很多可以用来创建随机数数组的方法,例如:

```
1   >>>np.random.rand(3,2)             #生成[0,1)之间的随机数组成的 3×2 数组
2   array([[0.69490664, 0.66354122],
3        [0.55520299, 0.18980427],
4        [0.83620336, 0.48217341]])
5   >>>np.random.randint(1,100,size=(3,4))
6                                      #生成[0,100)之间随机整数组成的 3×2 数组
7   array([[92, 66, 27, 92],
8        [24, 74, 45, 97],
9        [19, 43, 84, 94]])
10  >>>np.random.normal(0, 1, (3, 2))  #生成 3×2 的标准正态分布随机数数组
11  array([[ 0.66466948,  1.15686629],
12       [ 1.08606873, -0.98968001],
13       [-1.19417447, -0.73157742]])
```

除了通过上述方法创建 ndarray 对象外,表 9-3 中的方法都能够实现 ndarray 的创建,有兴趣的读者可以查阅详细资料,用不同的方法创建不同的数组。

表 9-3　NumPy 创建 ndarray 的常用方法

方　　法	功　　能
np.full(shape，val)	生成元素全为 val 的数组，数组形状由 shape 给定
np.eye(n)	生成 n×n 数组，对角线元素全为 1，其余元素为 0
np.ones_like(a)	按数组 a 的形状生成全 1 的数组
np. concatenate((a1，a2，…)，axis)	在指定的维度进行数组拼接，生成新的数组
np. random. randint（low，high，size，dtype）	生成由 [low,high) 之间随机整数形成的 size 大小的数组

2. 数组的基本属性

表 9-4 列举了 ndarray 的常用属性。

表 9-4　ndarray 的常用属性

属　　性	功　　能
ndarray.ndim	轴的个数或数组的维数，即秩
ndarray.shape	数组的维度，这是一个整数元组，表示每个维度中数组的大小。对于 n 行 m 列的矩阵，其 shape 为 (n,m)
ndarray.size	数组元素的总个数，相当于 shape 中的 n×m
ndarray.dtype	ndarray 对象的元素类型
ndarray.itemsize	ndarray 对象中每个元素的大小，以字节为单位

dtype 是一个用来描述数组中元素类型的对象，它可以使用 Python 的标准数据类型，如 float 和 int 等，也可以使用 NumPy 自己的数据类型，NumPy 的常用数据类型如表 9-5 所示。

表 9-5　NumPy 的常用数据类型

类　　型	描　　述
bool_	布尔类型(True 或 False)
int_	默认的整数类型，可以是 int32，也可以是 int64
int8	字节(−128~127)
int16	整数(−32 768~32 767)
int32	整数(−2 147 483 648~2 147 483 647)
int64	整数(−9 223 372 036 854 775 808~9 223 372 036 854 775 807)
uint8	无符号整数(0~255)
uint16	无符号整数(0~65 535)
uint32	无符号整数(0~4 294 967 295)

类　　型	描　　述
uint64	无符号整数(0～18 446 744 073 709 551 615)
float_	float64 类型的简写
float16	半精度浮点数,包括 1 个符号位,5 个指数位,10 个尾数位
float32	单精度浮点数,包括 1 个符号位,8 个指数位,23 个尾数位
float64	双精度浮点数,包括 1 个符号位,11 个指数位,52 个尾数位
complex_	complex128 类型的简写,即 128 位复数
complex64	复数,表示双 32 位浮点数(实数部分和虚数部分)
complex128	复数,表示双 64 位浮点数(实数部分和虚数部分)

NumPy 的数值类型是 dtype 对象的实例,当采用 astype()函数进行数据类型转换时,如果参数为 Python 标准数据类型,则 Python 会自动将标准数据类型映射到等价的 dtype 类型上,如下列程序的第 16～18 行代码。

```
1   >>>import numpy as np
2   >>>arr = np.array([(0, 1, 2, 3, 4),(5, 6, 7, 8, 9)],dtype = np.int32)
3   >>>arr
4   array([[0, 1, 2, 3, 4],
5          [5, 6, 7, 8, 9]])
6   >>>arr.ndim
7   2
8   >>>arr.shape
9   (2, 5)
10  >>>arr.dtype.name
11  'int32'
12  >>>arr.itemsize
13  4
14  >>>arr.size
15  10
16  >>>arr1 = arr.astype(np.float)          #将数据类型转换成 float 型
17  >>>arr1.dtype.name
18  'float64'                               #自动将 float 类型映射到等价的 dtype 类型上
```

3. 改变数组形状

数组的形状是由每个轴的元素数量决定的,可以使用 reshape()方法和 resize()方法更改数组的形状,例如:

```
1   >>>c = np.arange(12)
2   >>>c
3   array([ 0,  1,  2,  3,  4,  5,  6,  7,  8,  9, 10, 11])
4   >>>c.reshape(3,4)
```

```
5    array([[ 0,  1,  2,  3],
6           [ 4,  5,  6,  7],
7           [ 8,  9, 10, 11]])
8    >>>c
9    array([ 0,  1,  2,  3,  4,  5,  6,  7,  8,  9, 10, 11])
10   >>>c.resize(2,6)
11   >>>c
12   array([[ 0,  1,  2,  3,  4,  5],
13          [ 6,  7,  8,  9, 10, 11]])
```

调用 reshape()方法将返回指定形状的数组,如第 4~7 行代码,不会改变原数组。而 resize()方法则会修改原数组,如第 10~13 行代码。

当 reshape()方法中的一个参数为 −1 时,NumPy 会根据剩下的维度计算出数组的另一个维度。例如:

```
1    >>>a = np.arange(12)
2    >>>a.reshape(3,-1)              #根据 3 计算出另一维度应为 4
3    array([[ 0,  1,  2,  3],
4           [ 4,  5,  6,  7],
5           [ 8,  9, 10, 11]])
```

4. 数组的运算

数组的运算都是元素级别的,即按元素求值。

(1) 数组和标量的运算。数组中的每个元素都和该标量进行运算。例如:

```
1    >>>a=np.arange(4).reshape(2,2)
2    >>>a
3    array([[0, 1],
4           [2, 3]])
5    >>>a+1
6    array([[1, 2],
7           [3, 4]])
7    >>>a ** 2
8    array([[0, 1],
9           [4, 9]], dtype=int32)
```

(2) 形状相同的数组和数组的运算。两个数组对应位置的值进行运算。例如:

```
1    >>>import numpy as np
2    >>>a = np.array([[2, 2], [3, 3]])
3    >>>b = np.array([[1, 1], [6, 6]])
4    >>>a + b                         #对应元素相加
5    array([[3, 3],
6           [9, 9]])
7    >>>a * b                         #对应元素相乘
8    array([[ 2,  2],
```

```
9          [18, 18]])
```

"＋＝"和"＊＝"运算只会修改现有数组,不会建立新数组。例如:

```
1    >>>a = np.ones((2,3),dtype = int)
2    >>>b = np.random.random((2,3))
3    >>>b
4    array([[0.59893985, 0.96803772, 0.3944055 ],
5           [0.73968558, 0.88131968, 0.58189252]])
6    >>>a * =2
7    >>>a
8    array([[2, 2, 2],
9           [2, 2, 2]])
10   >>>b += a
11   >>>b
12   array([[2.59893985, 2.96803772, 2.3944055 ],
13          [2.73968558, 2.88131968, 2.58189252]])
```

(3) 数组广播。在 NumPy 中,如果遇到形状不一致的数组运算,则会触发广播机制。

数组的广播规则是将两个数组的维度大小右对齐,然后比较对应维度的值,如果对应维度值相等或其中有一个为 1 或为空,则进行广播运算,并且输出的维度大小取数值大的数值,否则不能进行广播运算,如图 9-4 所示。

```
数组 a 大小为(2,3)
数组 b 大小为(1,)
首先右对齐:
  2  3
     1
----------
  2  3                    ♯3 和 1 相比,3 大
所以最后两个数组运算的输出大小为:(2,3)
```

图 9-4 数组的广播规则

示例如下,数组 a 为 2×3 的数组,数组 b 为一维数组,根据上述公式,二者能进行广播运算,具体的运算法则是将数组 b 的值 5 分别和数组 a 的每个值相乘,得出数组 c 的值为第 13、14 行的结果,数组 c 的大小为 2×3。

```
1    >>>import numpy as np
2    >>>a = np.arange(6).reshape(2, 3)
3    >>>a
4    array([[0, 1, 2],
5           [3, 4, 5]])
6    >>>b = np.array([5])
7    >>>b
8    array([5])
9    >>>b.shape
```

```
10  (1,)
11  >>>c = a * b
12  >>>c                                    #输出的大小为(2, 3)
13  array([[ 0,  5, 10],
14         [15, 20, 25]])
15  >>>c.shape
16  (2, 3)
```

(4) 数组的转置。

```
1  >>>c = np. array([[ 0,  5, 10],[15, 20, 25]])
2  >>>c.T
3  array([[ 0, 15],
4         [ 5, 20],
5         [10, 25]])
```

9.3.3 数组的访问

与列表和其他序列结构一样,数组元素的访问也通过下标完成,因此索引和切片是
NumPy 访问数组最重要、最常用的操作。

1. 切片和索引

一维数组的索引与切片和序列相似,都是从 0 开始。切片可以用 a[start：end：
step]方式,也可以用 slice()方法,从原数组中切割出一个新数组。

```
1  >>>import numpy as np
2  >>>a = np.arange(10)
3  >>>a[5]
4  5
5  >>>s = slice(2,7,2)                      #从索引 2 开始到索引 7 停止,步长为 2
6  >>>a[s]
7  array([2, 4, 6])
8  >>>a[2:7:2]
9  array([2, 4, 6])
```

多维数组的索引和切片主要看 shape 属性。具体操作时,每一维上和一维数组一样。
例如:

```
1  >>>import numpy as np
2  >>>a = np.arange(12).reshape(2, 2, 3)
3  >>>a
4  array([[[ 0,  1,  2],
5          [ 3,  4,  5]],
6         [[ 6,  7,  8],
7          [ 9, 10, 11]]])
8  >>>a[1, 1, 1]
```

```
9    10
10   >>>a[0, 1, 1:]
11   array([4, 5])
```

数组 a 如图 9-5 所示,当进行第 10 行的切片操作时,先看第一个参数,即 0 轴,0 轴的
值为 0,表示取第 1 片数据;第 2 个参数为 1,表示 1
轴的数据为第 2 行;第 3 个参数为"1:",表示 2 轴的
数据从第 2 列向后切片。3 个轴所取数据的交集就
是运算结果,如第 11 行代码所示。

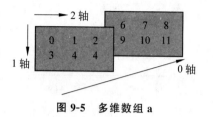

图 9-5　多维数组 a

当提供的索引少于秩时,缺失的索引默认是完
整的切片。例如:

```
1    >>>b = np.arange(12).reshape(3,4)
2    >>>b
3    array([[ 0,   1,   2,   3],
4          [ 4,   5,   6,   7],
5          [ 8,   9,   10,  11]])
6    >>>b[2]
7    array([ 8, 9, 10, 11])
```

第 6 行提供的索引只有一个,少于数组 b 的秩,故相当于 b[2, :],所以 b[2]访问的
结果为 array([8, 9, 10, 11])。

2. 花式索引

除了通过整数和切片进行索引之外,NumPy 还提供了比常规 Python 序列更多的索
引功能。数组可以由整数数组和布尔数组索引。

通过整数数组进行索引,示例如下。

```
1    >>>c = np.array([3,8,1,4,9,2,5])
2    >>>i = np.array([1,2,4])
3    >>>c[i]
4    array([8, 1, 9])
5    >>>j = np.array([[0,3],[2,6]])
6    >>>c[j]
7    array([[3, 4],
8          [1, 5]])
```

当使用整数数组索引时,我们提供了要选择的索引列表。使用布尔索引的方法不
同,我们可以明确地在数组中选择需要的值。例如我们要选择数组 a 中所有大于 3 的
值,则可以通过下列操作实现。

```
1    >>>a = np.arange(6).reshape(2,3)
2    >>>a
3    array([[0, 1, 2],
4          [3, 4, 5]])
```

```
5   >>>i = a > 3
6   >>>a[i]
7   array([4, 5])
```

3. 数组的访问

数组在访问时可以采用索引的方式对具体的某个元素进行访问,也可以通过切片的方式对数组中的一部分数据进行访问。

多维数组的访问可以通过 a[i][j]或者 a[i,j]两种方式进行访问,它们的效果相同。

9.3.4　排序

NumPy 提供了多种排序的方法。这些排序方法可以实现不同的排序算法。表 9-6 展示了 NumPy 常用的排序方法。

表 9-6　数组排序的常用方法

方　　法	功　　能
np.sort(a,axis,kind,order)	将数组 a 沿着 axis 轴排序,kind 默认快速排序,如果有 order 参数,则表示按该字段排序
np.argsort(a,axis,kind,order)	函数返回的是数组元素值从小到大排序对应的索引
np.lexsort(keys, axis)	用于对多个序列进行排序。把它想象成对电子表格进行排序,每列代表一个序列,排序时优先照顾靠后的列
np.msort(a)	数组按第一个轴排序,返回排序后的数组副本。np.msort(a)相当于 np.sort(a, axis=0)
np.sort_complex(a)	对复数按照先实部后虚部的顺序进行排序
np.partition(a, kth[, axis, kind, order])	指定一个数,对数组进行分区
np. argpartition (a, kth [, axis, kind, order])	可以通过关键字 kind 指定算法沿着指定轴对数组进行分区
np.where()	函数返回输入数组中满足给定条件的元素的索引

各种数组排序方法的用法类似,简单举例如下。

```
1    >>>import numpy as np
2    >>>a = np.array([[1,5,4,8,4], [2,4,7,1,5], [1,0,3,4,2]])
3    >>>np.sort(a)                      #默认 axis = 1,行方向上排序
4    array([[1, 4, 4, 5, 8],
5          [1, 2, 4, 5, 7],
6          [0, 1, 2, 3, 4]])
7    >>>np.sort(a,axis = 0)             #axis = 0,列方向上排序
8    array([[1, 0, 3, 1, 2],
9          [1, 4, 4, 4, 4],
10         [2, 5, 7, 8, 5]])
11   >>>np.argsort(a)
```

```
12  array([[0, 2, 4, 1, 3],
13         [3, 0, 1, 4, 2],
14         [1, 0, 4, 2, 3]], dtype=int64)
```

9.3.5 统计

NumPy 提供了很多统计方法,用于从数组中查找最小元素、最大元素、百分位标准差和方差等。表 9-7 列举了常用的数组统计方法。

表 9-7 常用的数组统计方法

方　　法	功　　能
np.min(a)	计算数组中元素的最小值
np.max(a)	计算数组中元素的最大值
np.sum(a)	计算数组中所有元素的和
np.ptp(a)	计算数组中元素最大值与最小值的差
np.median(a)	用于计算数组 a 中元素的中位数(中值)
np.mean(a)	返回数组中元素的算术平均值
np.average(a)	根据在一个数组中给出的各自的权重计算数组中元素的加权平均值
np.std(a)	计算数组 a 的标准差
np.var(a)	计算数组 a 统计中的方差(样本方差)
np.any(a)	判断数组 a 中是否存在为真的元素

表 9-7 中的统计方法如果提供了轴,则沿轴计算,举例如下。

```
1   >>>a = np.array([[1,5,4,8,4], [2,4,7,1,5], [1,0,3,4,2]])
2   >>>np.min(a)
3   0
4   >>>np.sum(a,axis=0)                      #axis=0,列方向上计算
5   array([ 4, 9, 14, 13, 11])
6   >>>np.sum(a,axis=1)                      #axis=1,行方向上计算
7   array([22, 19, 10])
8   >>>np.max(a)
9   8
10  >>>np.sum(a)
11  51
12  >>>np.median(a)
13  4.0
14  >>>np.var(a)
15  4.906666666666665
16  >>>np.mean(a)
17  3.4
18  >>>np.any(a)
```

```
19  True
```

9.3.6　综合实例

【例 9.1】　用正三角形的形式打印九九乘法表。

本例在例 4.10 讲述嵌套循环时已实现过,这里把数据以 NumPy 数组的形式存储,通过将 1×9 的数组与它的转置数组相乘得到 9×9 的数组。打印内容时,通过下标访问完成。程序代码如下。

```
1    import numpy as np
2
3    narr1 = np.array([range(1,10)])
4    narr2 = narr1.T
5    narr = narr1 * narr2
6    print("""                        九九乘法表
7    ================================================================
8    """)
9
0    for i in range(1,10):
11       for j in range(1,i+1):
12           print("{}×{}={}".format(j,i,narr[i-1][j-1]),end = '\t')
13       print(' ')
```

程序运行结果如下。

```
                            九九乘法表
================================================================
1×1=1
1×2=2   2×2=4
1×3=3   2×3=6   3×3=9
1×4=4   2×4=8   3×4=12  4×4=16
1×5=5   2×5=10  3×5=15  4×5=20  5×5=25
1×6=6   2×6=12  3×6=18  4×6=24  5×6=30  6×6=36
1×7=7   2×7=14  3×7=21  4×7=28  5×7=35  6×7=42  7×7=49
1×8=8   2×8=16  3×8=24  4×8=32  5×8=40  6×8=48  7×8=56  8×8=64
1×9=9   2×9=18  3×9=27  4×9=36  5×9=45  6×9=54  7×9=63  8×9=72  9×9=81
```

【例 9.2】　根据成绩单.csv(如图 9-6 所示)的内容,利用所学的 NumPy 知识计算课程成绩的最大值、最小值、均值、标准差、方差,输出成绩排名前 5 的学生的名单。

需求分析如下。

(1) NumPy 除了可以生成数组外,还可以将生成的数组存储为文件,同时也可以从文件中读取数据。NumPy 读取 CSV 文件的函数是 loadtxt(),其语法格式为

```
numpy.loadtxt(fname, dtype = float, comments = '#', delimiter = None, converters = None,
skiprows=0, usecols=None, unpack=False, ndmin=0)
```

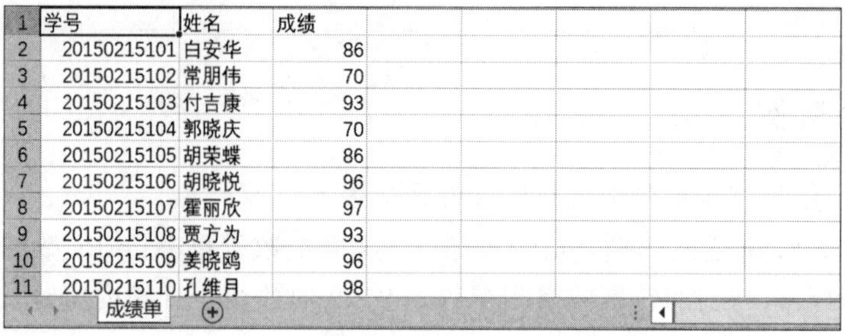

图 9-6 成绩单.csv

各参数的作用如表 9-8 所示。

表 9-8 loadtxt()方法的参数及作用

参　　数	作　　用
fname	被读取的文件名(文件的相对地址或绝对地址)
dtype	指定读取后数据的数据类型
comments	跳过文件中指定参数开头的行(即不读取)
delimiter	指定读取文件中数据的分隔符
converters	对读取的数据进行预处理
skiprows	选择跳过的行数
usecols	指定需要读取的列
unpack	是否将数据进行向量输出
encoding	对读取的文件进行预编码

(2) 引入数据源后,使用 NumPy 的排序和统计方法按需求进行处理。
代码如下。

```
1    import numpy as np
2
3    #读入文件 参数 1-源文件路径;参数 2-跳过 1 行;参数 3-取得值的类型;
4    #参数 4-分割符号;参数 5-读取的列数下标(第 3 列是成绩);
5    #参数 6-数据逐列输出
6    stuName,stuScore = np.loadtxt('成绩单.csv', skiprows = 1,dtype = str, \
7                            delimiter=',',usecols =(1,2),unpack = True)
8    stuScore = stuScore.astype(np.float)
9    print('成绩的最大值:{:.2f}'.format(np.max(stuScore)))
10   print('成绩的最小值:{:.2f}'.format(np.min(stuScore)))
11   print('成绩的均值:{:.2f}'.format(np.mean(stuScore)))
12   print('成绩的标准差:{:.2f}'.format(np.std(stuScore)))
14   print('成绩的方差:{:.2f}'.format(np.var(stuScore)))
15
16   #找到前 5 名同学,打印输出
```

```
17  arr1 = stuName.reshape(-1,1)                      #将 stuName 调整为一列
18  arr2 = stuScore.reshape(-1,1)                     #将 stuScore 调整为一列
19  arr = np.concatenate((arr1,arr2),axis = 1)        #连接为 n×2 的数组
20  arr = arr[arr[:,1].argsort()]                     #花式索引,按第 2 列进行排序
21  data = arr[::-1]                                  #逆序
22  print("\n 前 5 名同学及成绩为:")
23  print(data[:5])
```

程序的运行结果如下。

```
成绩的最大值:98.00
成绩的最小值:0.00
成绩的均值:84.85
成绩的标准差:19.28
成绩的方差:371.66

前 5 名同学及成绩为:
[['孔维月' '98.0']
 ['霍丽欣' '97.0']
 ['胡晓悦' '96.0']
 ['姜晓鸥' '96.0']
 ['孟凡雷' '96.0']]
```

9.4　Pandas 库简介

如前所述,Pandas 是 Python 中基于 NumPy 数组构建的数据分析工具,它可以使数据清洗、整理、分析工作变得更快、更便捷。相较而言,Pandas 是专门为处理表格和混杂数据而设计的,而 NumPy 更适合处理统一的数值型数组数据。

9.4.1　Pandas 数据结构——序列

序列(series)是一种类似于一维数组的数据结构,它由一组数据以及一组与之相关的数据标签(label)或索引(index)组成,这两部分的长度必须一致。下面用表 9-9 给出的 4 只股票在 2020 年 3 月 30 日至 4 月 3 日这 5 个交易日中的涨跌幅数据为例生成相关序列,演示相关运算。

表 9-9　2020 年 3 月 30 日至 4 月 3 日股票的涨跌幅

	京粮控股/%	科迪乳业/%	航天长峰/%	良品铺子/%
2020.3.30	9.96	10.17	10	−0.07
2020.3.31	4.76	10	3.95	10.01
2020.4.1	−0.25	10.14	9.99	1.13
2020.4.2	1.61	10.16	10.02	−2.52
2020.4.3	9.99	10.09	10.01	−3.82

1. 生成序列

可以用 2020.3.30 这一行的数据生成最简单的序列，例如：

```
1    >>>import pandas as pd
2    >>>s1 = pd.Series([9.96,10.17,10 ,-0.07])
3    >>>s1
4    0     9.96
5    1    10.17
6    2    10.00
7    3    -0.07
8    dtype: float64
```

2. 序列的简单操作

可以看到，序列对象的表现形式为索引在左侧，值在右侧。由于上述例子中没有指定索引，因此系统自动建立了 0~n−1 的整数索引。

也可以用数据标签指定索引（整数索引依然存在），例如：

```
1    >>>s2 = pd.Series([9.96,10.17,10 ,-0.07], \
2                  index = ['京粮控股','科迪乳业','航天长峰','良品铺子'])
3    >>>s2
4    京粮控股     9.96
5    科迪乳业    10.17
6    航天长峰    10.00
7    良品铺子    -0.07
8    dtype: float64
```

因为序列类似一维数组，所以它可以通过索引或者标签的方式访问序列中的单个值或者多个值，例如：

```
1    >>>s1[1]                              #用索引方式访问
2    10.17
3    >>>s2['科迪乳业']                      #用标签方式访问
4    10.17
5    >>>s2[0]=9.99                         #用索引方式访问并赋值
6    >>>s2[['京粮控股','航天长峰']]          #用标签列表的方式访问多个值
7    京粮控股     9.99
8    航天长峰    10.00
9    dtype: float64
```

可以改变序列元素的值，如上述第 5 行代码。也可以通过序列的 index 属性读取索引（标签），或者利用赋值的方法改变索引（标签），例如：

```
1    >>>s1.index                          #序列的 index 属性
2    RangeIndex(start=0, stop=4, step=1)
```

```
3   >>>s1.index = range(3,7,1)                    #改变序列的索引
4   >>>s1
5   3      9.96
6   4     10.17
7   5     10.00
8   6     -0.07
9   dtype: float64
10  >>>s2.index
11  Index(['京粮控股', '科迪乳业', '航天长峰', '良品铺子'], dtype='object')
12  >>>s2.index = ['SZ000505','SZ002770','SH600855','SH603719']      #改变序列的标签
13  >>>s2
14  SZ000505      9.99
15  SZ002770     10.17
16  SH600855     10.00
17  SH603719     -0.07
18  dtype: float64
```

用于数组的数学运算和统计方法等都可以直接应用于序列的运算中,例如:

```
1   >>>import numpy as np
2   >>>np.mean(s2)
3   7.5225
4   >>>np.sort(s2)
5   array([-0.07,   9.99, 10.  , 10.17])
6   >>>np.max(s2)
7   10.17
8   >>>np.exp(s2)
9   SZ000505     21807.298798
10  SZ002770     26108.076764
11  SH600855     22026.465795
12  SH603719         0.932394
13  dtype: float64
14  >>>s2[s2>0]                                    #取得大于 0 的所有值,保留索引
15  SZ000505      9.99
16  SZ002770     10.17
17  SH600855     10.00
18  dtype: float64
19  >>>s2 * 2                                      #序列每个元素值乘以 2,保留索引
20  SZ000505     19.98
21  SZ002770     20.34
22  SH600855     20.00
23  SH603719     -0.14
24  dtype: float64
```

　　与 list 中的元素可以是多种数据类型不同,序列只允许存储相同数据类型的元素,这样可以更有效地使用内存,提高运算效率。

　　可以看出,序列有一个很明显的缺点——只能有两列,其中一列是索引列,另一列是数值列,这也限制了序列在金融领域的应用。如果希望有更多的数值列,就需要用到数

据框。

9.4.2　Pandas 数据结构——数据框

数据框含有一组有序的列,是一个表格型的数据结构,如图 9-7 所示。数据框的每列具有同类型的多个元素,可以看成一个 series;不同列可以是不同的值类型,所以数据框既有行索引,也有列索引,这个索引可以是表示行、列位置的整数索引号(均从 0 开始),也可以为行、列指定行标签、列标签,如图 9-7(a)所示;如果不指定行标签和列标签,则行标签和列标签默认分别为行索引号和列索引号,如图 9-7(b)所示。

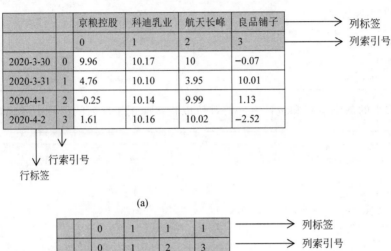

(a)

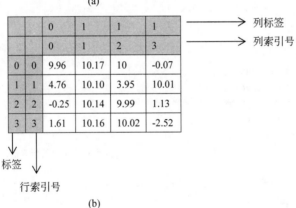

(b)

图 9-7　dataFrame 对象示例

1. 生成数据框

借助字典、列表、序列、NumPy 数组都可以构造数据框。

【**例 9.3**】　把表 9-9 的数据用字典表示,再用这个字典构造数据框。字典的 key 作为数据框列索引 columns 的标签,没有指定行标签。

```
1    import pandas as pd
2    data = {'京粮控股':[9.96, 4.76, -0.25, 1.61, 9.99], \
3        '科迪乳业':[10.17, 10.10, 10.14, 10.16, 10.09], \
```

```
4          '航天长峰':[10, 3.95, 9.99, 10.02, 10.01], \
5          '良品铺子':[-0.07, 10.01, 1.13, -2.52, -3.82]}
6   frame = pd.DataFrame(data)
7   print(frame)
```

运行结果如下,最左边一列为行索引号,第 1 行为指定的列标签。

```
    京粮控股    科迪乳业    航天长峰    良品铺子
0     9.96     10.17     10.00     -0.07
1     4.76     10.00      3.95     10.01
2    -0.25     10.14      9.99      1.13
3     1.61     10.16     10.02     -2.52
4     9.99     10.09     10.01     -3.82
```

【例 9.4】　利用表 9-9 的数据将其组织成 NumPy 的数组,并将日期作为行索引的标签,将股票名称作为列索引的标签,构造数据框;然后将表 9-10 中的数据以序列对象的形式加入数据框对象。

表 9-10　2020 年 3 月 30 日至 4 月 3 日一汽集团股票的涨跌幅

股 票 名 称	2020-3-30	2020-3-31	2020-4-1	2020-4-2	2020-4-3
一汽集团(SH600104)/%	2.68	−2.75	−3.80	−1.37	−0.62

代码如下。

```
1   import numpy as np
2   import pandas as pd
3
4   stock_array = np.array([[9.96, 4.76, -0.25, 1.61, 9.99], \
5                           [10.17, 10, 10.14, 10.16, 10.09], \
6                           [10, 3.95, 9.99, 10.02, 10.01], \
7                           [-0.07, 10.01, 1.13, -2.52, -3.82]])
8   date = ['2020-3-30','2020-3-31','2020-4-1','2020-4-2','2020-4-3']
9   stock = ['京粮控股','科迪乳业','航天长峰','良品铺子']
10  stock_dataframe = pd.DataFrame(data = stock_array.T, \
11                       index = date, columns = stock)
12  stock_dataframe.index.name = '日期'          #为行索引增加标题
13  val = pd.Series([2.68, -2.75, -3.80, -1.73, -0.62], \
14      index=['2020-3-30','2020-3-31','2020-4-1','2020-4-2','2020-4-3'])
15  stock_dataframe["一汽集团"] = val
16  print(stock_dataframe)
```

代码第 10、11 行 dataFrame()函数参数中的 index 参数是指定行标签,columns 参数是指定列标签,分别用给定的列表进行赋值,两个参数的默认值都是无标签。第 13、14 行用表 9-9 的数据构造了序列对象,第 15 行用该对象为数据框对象增加了一个新的列,"stock_dataframe["一汽集团"] = val"的操作类似于字典,"一汽集团"列如果存在,则修改该列的值,如果不存在,则增加新列并赋值。运行结果如下。

	京粮控股	科迪乳业	航天长峰	良品铺子	一汽集团
日期					
2020-3-30	9.96	10.17	10.00	-0.07	2.68
2020-3-31	4.76	10.00	3.95	10.01	-2.75
2020-4-1	-0.25	10.14	9.99	1.13	-3.80
2020-4-2	1.61	10.16	10.02	-2.52	-1.37
2020-4-3	9.99	10.09	10.01	-3.82	-0.62

2. 数据框的基本属性

表 9-11 列出了数据库的常用基本属性。

表 9-11 数据框的基本属性

属性	功　能	示　例
shape	返回形状	stock_dataframe.shape 返回值为(5,5)
columns	返回列标签	stock_dataframe.columns 返回值为 index(['京粮控股', '科迪乳业', '航天长峰', '良品铺子', '一汽集团'], dtype='object')
dtype	返回列数据类型	stock_dataframe['京粮控股'].dtype 返回值为 dtype('float64')
ndim	返回数据维度	stock_dataframe.ndim 返回值为 2
values	返回数据组成的二维数组	stock_dataframe.values 返回值为 array([[9.96, 10.17, 10. , -0.07, 2.68], [4.76, 10. , 3.95, 10.01, -2.75], [-0.25, 10.14, 9.99, 1.13, -3.8], [1.61, 10.16, 10.02, -2.52, -1.73], [9.99, 10.09, 10.01, -3.82, -0.62]])
index	返回行标签	stock_dataframe.index 返回值为 index(['2020-3-30', '2020-3-31', '2020-4-1', '2020-4-2', '2020-4-3'], dtype='object', name='日期')

3. 数据框数据的访问

下面构造一个简单的数据框对象 user，并以此为例介绍数据框数据的访问操作。

```
1   >>>data = [[18, "北京"],
2          [30, "上海"],
3          [25, "广州"],
4          [40, "深圳"]]
5   >>>index = ['Ariel', 'Susan', 'Tomas', 'Jack']
6   >>>columns = ["age","city"]
7   >>>user = pd.DataFrame(data, index, columns)
8   >>>user
```

```
9            age   city
10   Ariel   18    北京
11   Susan   30    上海
12   Tomas   25    广州
13   Jack    40    深圳
```

可以用表 9-12 列出的方法访问数据框的行、列以及指定元素。

表 9-12　数据框数据的访问方法

方　　法	功　　能
数据框对象名[n]	访问列索引号 n 对应列的数据。如果对象指定了列标签,则必须用数据库对象名[列标签]访问列
数据框对象名[n1：n2]	访问索引号为 n1～n2－1 行的数据
数据框对象名.loc[行标签]	访问行标签对应的行数据
数据框对象名.loc[行标签，列标签]	访问行标签、列标签对应的元素数据
数据框对象名.iloc[n]	访问索引号为 n 的行数据
数据框对象名.iloc[n1：n2，m1：m2]	访问索引号为 n1～n2－1 行,m1～m2－1 列的数据块
数据框对象名.at[行标签，列标签]	访问行标签、列标签对应的元素数据

例如:

```
1    >>>user[0:1]                      #返回 index=0 的行数据
2           age   city
3    Ariel   18    北京
4    >>>user.loc['Tomas']             #返回 Tomas 列的数据
5    age      25
6    city     广州
7    Name: Tomas, dtype: object
8    >>>user.iloc[1]                  #返回 index=1 行数据
9    age      30
10   city     上海
11   Name: Susan, dtype: object
12   >>>user['age']                   #相当于 user.age,都是返回 age 列的数据
13   Ariel    18
14   Susan    30
15   Tomas    25
16   Jack     40
17   Name: age, dtype: int64
18   >>>user.loc['Tomas','city']      #返回 tomas 行、city 列对应位置的数据
19   '广州'
20   >>>user.iloc[2,2]                #返回 index=2 的行、index=2 的列对应位置的数据
21   '广州'
22   >>>user.at['Tomas','city']
23   '广州'
24   >>>user.values
25   array([[18, '北京'],
```

```
26        [30, '上海'],
27        [25, '广州'],
28        [40, '深圳']], dtype=object)
```

4. 数据框数据的增、删、改

可以为数据框增加一列数据,可以用 del 关键字删除一列数据,可以用 drop()方法删除指定的列或者行。下面以上述 user 对象为例演示数据框的增、删、改操作,例如:

```
1   >>>user['sex'] = ['F','F','M','M']          #用列表数据为数据框增加一列
2   >>>user['age_01'] = user.age >= 30          #增加一列数据,表示年龄是否超过 30
3   >>>user
4      age  city  sex  age_01
5   Ariel  18  北京  F  False
6   Susan  30  上海  F  True
7   Tomas  25  广州  M  False
8   Jack   40  深圳  M  True
9   >>>del user['age_01']                       #删除列索引标签指定的列,改变了 user 对象的值
10  >>>user
11       age   city  sex
12  Ariel  18  北京  F
13  Susan  30  上海  F
14  Tomas  25  广州  M
15  Jack   40  深圳  M
16  >>>df = user.drop('Jack', axis = 0)         #drop()方法删除'Jack'行,axis 轴为 0 指定为行
17                                              #drop()方法省略 axis 参数,默认其值为 0
18                                              #并不改变 user 对象的值
19  >>>df
20       age  city  sex
21  Ariel  18  北京  F
22  Susan  30  上海  F
23  Tomas  25  广州  M
24  >>>user.drop('sex', axis = 1)               #drop 方法删除'sex'列,返回一个新数据框对象
25                                              #axis 轴为 1 时指定为列
26  >>>user['sex'] = ['女','女','男','男']        #用赋值方式改变 sex 列的值
27  >>>user
28       age city sex
29  Ariel  18  北京  女
30  Susan  30  上海  女
31  Tomas  25  广州  男
32  Jack   40  深圳  男
```

通过以上代码可以看到,当 drop()方法的参数 axis(轴)为 0 时,指数据框的行(默认为 0);当 axis(轴)为 1 时,指数据框的列。drop()方法在删除时并不改变原数据框对象。

5. 数据的导入/导出

Pandas 数据框提供了一些用于将表格型数据读取为 dataFrame 对象的函数,如读取

CSV 文件、Excel 文件、JSON 数据、HTML 文件中的表格数据、SQLite 数据库等；同时可以将处理完毕的 DataFrame 对象写入这些格式文件并保存。

Pandas 从文件载入数据的常用方法有：read_csv()用来读 CSV 文件、read_excel()用来读 Excel 文件、read_table()用来读取 TXT 文件等，还可以在数据库模块的配合下直接访问 MySQL 数据库。这些方法载入的数据都是数据框对象。

相应地，用 to_csv()、to_excel()、to_sql()方法可以将 DataFrame 数据分别写入 CSV 文件、Excel 文件和 MySQL 数据库。

【例 9.5】 将例 9.4 生成的数据框 stock_dataframe 依次以 Excel、CSV 格式文件导出并保存，然后用相应的方法从两种不同类型的文件中读出 DataFrame 数据对象。代码如下。

```
1   stock_dataFrame.to_excel('sdf.xlsx')      #以 Excel 格式导出
2   stock_dataFrame.to_csv('sdf.csv')         #以 CSV 格式导出
3   df1 = pd.read_excel('sdf.xlsx')           #读 Excel 文件
4   df2 = pd.read_csv('sdf.csv')              #读 CSV 文件
```

9.4.3　Pandas 数据分析简介

1. 数据清洗

待分析的海量原始数据可能包含各种影响分析结果的数据，如缺失值、无关数据、重复数据、异常数据等，如果不处理这些数据，则势必影响分析结果和后期决策。处理这些数据就是所谓的数据清洗。数据清洗是数据分析的重要数据准备。

（1）缺失值处理

Pandas 用浮点值 NaN 表示缺失值，即不存在的值或者存在但没有收集到的值。Pandas 可以方便地检测出缺失值，对缺失值可以进行删除，也可以用值填充缺失值。例如：

```
1   >>>import pandas as pd
2   >>>import numpy as np
3   >>>df=pd.DataFrame([["Ariel",18, "北京" ,'F'], ["Susan",np.nan, "上海" ,'F'], \
4         ["Tomas",25, np.nan ,'M'], ["Jack",40, "深圳" ,'M']])
5   >>>df
6           0     1    2    3
7    0  Ariel  18.0  北京   F
8    1  Susan   NaN  上海   F
9    2  Tomas  25.0  NaN   M
10   3   Jack  40.0  深圳   M
11  >>>df.isnull()              #isnull()和 notnull()方法用来检测每个数据是否缺失,缺失为 True
12           0     1      2      3
13   0   False  False  False  False
14   1   False   True  False  False
15   2   False  False   True  False
```

```
16  3  False  False  False  False
17  >>>df.dropna()              #dropna()方法默认删除有缺失值的行数据,相当于指定axis=0
18        0     1    2    3
19  0  Ariel  18.0  北京  F
20  3  Jack   40.0  深圳  M
21  >>>df.dropna(axis=1)    #axis=1指定删除有缺失值的列
22        0  3
23  0  Ariel  F
24  1  Susan  F
25  2  Tomas  M
26  3  Jack   M
27  >>>df.fillna("? ")       #fillna()方法用"?"替换缺失值
28        0     1    2    3
29  0  Ariel  18  北京  F
30  1  Susan  ?   上海  F
31  2  Tomas  25  ?    M
32  3  Jack   40  深圳  M
```

dropna()方法和fillna()方法都不会改变DataFrame对象的数据,而是返回新的对象。

还可以用dropna(how="all")删除数据全部缺失的行,用df.dropna(axis=1,how="all")删除数据全部缺失的列。fillna()方法也可以指定其他值填充缺失值,如相邻值、同一指标的均值、中位数、众数等。df.fillna(method="bfill")可以用缺失值所在列的后一个值填充缺失值,fillna({"列1":值1,…})可以为不同列的缺失值填充不同的值,例如:

```
df.fillna(value = {1:df[1].mean(), 2:'北京'})
```

实现了索引值为1的列缺失值用所在列的均值填充,索引值为2的列缺失值用"北京"填充。

(2) 重复值的处理

duplicated()方法用来检测是否有重复行并对重复行进行标记,返回一个布尔型序列对象。该方法默认对所有列进行判断,可以用方法的subset参数指定识别重复的列或者序列;可以用该方法的keep参数制定不同的重复标记方式,keep="first"(默认值)将除了第一次出现以外的所有相同数据标记为重复,keep="last"将除了最后一次出现以外的所有相同数据标记为重复,keep=False将所有相同数据标记为重复。

drop_duplicates()方法用来删除重复数据,并返回一个新的DataFrame对象,不改变原对象的值。该方法也有和duplicated()方法一样的subset和keep参数。

例如:

```
1  >>>import pandas as pd
2  >>>import numpy as np
3  >>>df=pd.DataFrame([["Ariel",18, "北京", "F"],
4       ["Ariel",18, "上海","F"],
```

```
5              ["Tomas",25, np.nan,"M"],
6              ["Jack",40, "深圳","M"]])
7    >>>df.duplicated(subset=[0,1])              #判断索引 0 和 1 两列值是否重复,keep 默认"first"
8    0     False
9    1     True
10   2     False
11   3     False
12   dtype: bool
13   >>>df.duplicated(subset=[0,1]).value_counts()       #返回重复值统计
14   False    3
15   True     1
16   dtype: int64
17   >>>df.duplicated([0,1],keep=False)
18   0     True
19   1     True
20   2     False
21   3     False
22   dtype: bool
23   >>>df.drop_duplicates([0,1])
24        0    1    2    3
25   0 Ariel   18   北京   F
26   2 Tomas   25   NaN   M
27   3 Jack    40   深圳   M
```

（3）异常值处理

异常值即数据集中存在的不合理点,又称离群点。一个夸张的异常值可能会对最后的统计结果产生比较大的影响。异常值的判定方法有很多,例如简单地设置值域:年龄在[0,100]之间是正常的,不在这个范围内就是异常值。再如用均值和标准差计算正常范围,超出正常范围就是异常值。又如通过数据可视化 Matplotlib 的散点图和箱线图也可以判定数据异常点。

对于异常值的处理,可以选择删除异常值所在记录,也可以将异常值作为缺失值处理。

2. 数据过滤

通过表 9-6 的数据访问方法访问数据可以实现数据过滤,也可以使用逻辑表达式设定过滤条件以过滤数据,从而取得需要的数据。例如:

```
1    >>>df=pd.DataFrame(np.random.randint(10,size=(3,4)))
2    >>>df
3        0  1  2  3
4    0   9  8  8  3
5    1   3  4  0  4
6    2   2  8  9  6
7    >>>df[df[0]>3]                      #返回 df[0]列值大于 3 的行
8        0  1  2  3
9    0   9  8  8  3
10   >>>df.loc[df[0].between(0,5)]       #返回 df[0]列值在 0~5 的行
```

```
11      0  1  2  3
12   1  3  4  0  4
13   2  2  8  9  6
14   >>>df.loc[df[0].between(0,5),slice(1,3)]          #返回df[0]列值在0~5的行的1~3列
15                                                       #slice()方法抽取1-3列
16      1  2  3
17   1  4  0  4
18   2  8  9  6
```

3. 数据统计

以下代码是数据框数据的一些基本统计方法。

```
1   >>>data = [[18, "北京", "女"], [30, "上海", "女"],
2           [25, "广州", "男"], [40, "北京", "男"],
3           [40, "深圳", "男"], [20, "深圳", "女"]]
4   >>>index = ['Ariel', 'Susan', 'Tomas', 'Jack', 'Jesson', 'Jenny']
5   >>>columns = ["age","city","sex"]
6   >>>user = pd.DataFrame(data, index, columns)
7   >>>user.age.sum()                          #数值列age求和
8   173
9   >>>user.age.min()                          #age列求最小值
10  18
11  >>>user.age.idxmin()                       #age列最小值对应的索引
12  'Ariel'
13  >>>user.sex.value_counts()                 #统计sex列中每个值出现的次数,分组统计
14  男    3
15  女    3
16  Name: sex, dtype: int64
17  >>>user.describe()                         #返回数值列的各种统计值
18          age
19  count  6.000000
20  mean   28.833333
21  std    9.600347
22  min    18.000000
23  25%    21.250000
24  50%    27.500000
25  75%    37.500000
26  max    40.000000
```

数据框数据也可以用 groupBy( )方法分组统计,其基本语法格式为

groupby([分组列1,分组列2,…])[统计列].agg({列别名1:统计函数1,列别名2:统计函数2,…})

例如:

```
1   >>>user.groupby('sex')['age'].mean().round(2)   #统计平均值,保留2位小数
2   sex
```

```
3    女    22.67
4    男    35.00
5    Name: age, dtype: float64
6    >>>user.groupby(by='sex')['age'].agg({"人数":np.size,"平均年龄":np.mean}).round(2)
7         人数    平均年龄
8    sex
9    女    3     22.67
10   男    3     35.00
11   >>>user.groupby(['sex','city']).mean()              #多个分组依据
```

4. 数据排序

分析数据时，排序是最常用的操作。Pandas 支持两种排序方式：按照轴标签值进行排序和按照实际数据值排序。数据框对象的 sort_index()方法按照轴标签值进行排序，排序返回新对象，不改变原来数据框对象的值。例如：

```
1    >>>user_s01 = user.sort_index()            #按照行标签的值进行排序，默认升序
2    >>>user_s01
3            age   city   sex
4    Ariel    18    北京    女
5    Jack     40    北京    男
6    Jenny    20    深圳    女
7    Jesson   40    深圳    男
8    Susan    30    上海    女
9    Tomas    25    广州    男
10   >>>user.sort_index(axis=0,ascending = False)    #axis=0指定按行排序，为默认取值
11                                               #ascending = False指定降序
12           age   city   sex
13   Tomas    25    广州    男
14   Susan    30    上海    女
15   Jesson   40    深圳    男
16   Jenny    20    深圳    女
17   Jack     40    北京    男
18   Ariel    18    北京    女
19   >>>user.sort_index(axis=1, ascending = False)   #按列标签值降序排列
20           sex   city   age
21   Ariel    女    北京    18
22   Susan    女    上海    30
23   Tomas    男    广州    25
24   Jack     男    北京    40
25   Jesson   男    深圳    40
26   Jenny    女    深圳    20
```

数据框对象的 sort_values()方法按照数据的值进行排序，同样地，排序返回新对象，不改变原来数据框对象的值。例如：

```
1    >>>user.sort_values('age')
2            age   city    sex
```

```
 3   Ariel    18   北京   女
 4   Jenny    20   深圳   女
 5   Tomas    25   广州   男
 6   Susan    30   上海   女
 7   Jack     40   北京   男
 8   Jesson   40   深圳   男
 9   >>>user.sort_values(['sex','age'], ascending = False)
10                                      #先按 sex 列降序排列,sex 相同的按 age 降序排列
11            age   city   sex
12   Jack     40    北京   男
13   Jesson   40    深圳   男
14   Tomas    25    广州   男
15   Susan    30    上海   女
16   Jenny    20    深圳   女
17   Ariel    18    北京   女
```

数据框某列的 nlargest(n)方法和 nsmallest(n)方法分别返回该列最小的 n 个值和最大的 n 个值。例如:

```
1   >>>user.age.nlargest(3)            #nlargest(n)取得该列最大的 n 个值
2   Jack     40
3   Jesson    40
4   Susan     30
5   Name: age, dtype: int64
6   >>>user.age.nsmallest(3)           #nsmallest(n)取得该列最小的 n 个值
7   Ariel    18
8   Jenny    20
    Tomas    25
    Name: age, dtype: int64
```

9.5 金融数据可视化简介

数据可视化是指用图形表示数据,其主旨在于借助图形化手段清晰有效地传达与沟通信息,是数据分析中重要的工作之一。数据可视化使得人们可以从不同维度观察数据,从而对数据进行更深入的观察和分析。Python 有许多可以进行静态数据或动态数据可视化的可视化库,其中,Matplotlib 库是 Python 最著名的绘图库。

9.5.1 Matplotlib 库简介

Matplotlib 提供了一整套和 MATLAB 相似的命令 API,十分适合交互式地进行制图,而且也可以方便地将它作为绘图控件嵌入 GUI 应用程序。

对于标准的绘图工作,Matplotlib 很容易理解,当进行更复杂的绘图和自定义时,Matplotlib 又很灵活。Matplotlib 与 NumPy 及其提供的数据结构结合紧密,它的文档相当完备,并且 Gallery 页面中有上百幅缩略图,打开之后都有对应的源程序。Gallery 展

示页面的地址为 http://matplotlib.sourceforge.net/gallery.html。

Matplotlib 实际上是一套面向对象的绘图库，它所绘制的图表中的每个绘图元素，如线条 Line2D、文字 Text、刻度等在内存中都有一个对象与之对应。为了方便快速绘图，Matplotlib 通过 pyplot 子模块提供了一系列方法帮助用户制作各种类型的图表以及设置图表的各种细节。表 9-3 给出了 pyplot 子模块常用的方法。

表 9-13　**pyplot 子模块中的常用方法及主要参数**

函　数	介　绍	主　要　参　数
annotate( )	用箭头在指定的一个数据点创建一个注释或一段文本	s：以字符串的方式输入注释内容； xy：以 xy ＝（数字 1,数字 2）的方式输入标注的位置，其中，数字 1 表示对应 x 轴刻度，数字 2 表示对应 y 轴的刻度； xytext：以 xy ＝（数字 1,数字 2）的方式输入文本的位置，xy 的含义同上； arrowprops：以字典方式输入设置箭头的特征，参数包括 width、frac、headwidth 和 shrink 等
bar( )	绘制一个垂直条形图	x：设置条形图 x 坐标对应的相关数据； height：设置每个条形图的高度； width：设置每个条形图的宽度(可选)
barh( )	绘制一个水平条形图	y：设置条形图 y 坐标对应的相关数据； height：设置每个条形图的高度(可选)； width：设置每个条形图的宽度
figure( )	创建一个新的图	figsize：设置宽、高(单位：英寸)； facecolor：设置图形的背景颜色； edgecolor：设置图形的边框颜色； frameon：设置是否显示边框(布尔值，True 显示，False 不显示)
grid(on/off)	打开或者关闭坐标网格	color：设置网格线的颜色； linestyle：设置网格线的样式； linewidth：设置网格线的宽度
hist( )	绘制一个直方图	x：设置每个矩形(bin)分布所对应的数据，对应图中的 x 轴； bins：设置图中矩形的个数； facecolor：设置矩形的背景颜色； edgecolor：设置矩形的边框颜色
legend( )	为当前坐标系添加图例	loc ＝ 数字设置图例位置：0 为最佳，1 为右上，2 为左上，3 为左下，4 为右下，5 为右，6 为中左，7 为中右，8 为中下，9 为中上，10 为中，空白代表自动
pie( )	绘制一个饼图	x：设置每块饼的占比； labels：设置每块饼的标签文字； colors：设置每块饼的颜色

函　数	介　绍	主 要 参 数
plot()	在当前坐标系内绘制线条或标记	x：设置 x 轴的数据； y：设置 y 轴的数据； label：设置曲线的标签； format_string：设置曲线格式的字串，可以设定曲线的颜色、样式、宽度等
scatter()	绘制一个散点图	x：设置 x 变量的数据； y：设置 y 变量的数据； c：设置散点的颜色，默认为蓝色； marker：设置散点的样式
show()	显示图	通常不需要参数
subplot()	在一个平面上绘制多个子图	
title()	设置当前坐标系的标题	输入字符串，输出图例的标题； fontsize = 数字，设置标题字体的大小
xlabel()	设置当前坐标系 x 轴的标签	输入字符串，输出 x 轴的坐标标题； fontsize = 数字，设置标签字体的大小； rotation = 数字，设置标签的角度
xlim()	设置当前坐标系 x 轴的取值范围	xmin：设置 x 轴刻度的最小值； xmax：设置 x 轴刻度的最大值
xticks()	设置 x 轴的刻度	ticks：设置 x 轴刻度的列表； labels：设置指定 x 轴刻度位置的坐标
ylabel()	设置当前坐标系 y 轴的标签	用法参照 xlabel
ylim()	设置当前坐标系 y 轴的取值范围	用法参照 xlim
yticks()	设置 y 轴的刻度	用法参照 xticks

【**例 9.6**】　利用 plot 函数绘制曲线 $\sin(x^2)$ 和 $\cos(x)$，其中，$\sin(x^2)$ 曲线的样式为红色实线，线粗设置为 2，$\cos(x)$ 曲线的样式为蓝色虚线，线粗设置为 3，代码如下。

```
1   import numpy as np
2   import matplotlib.pyplot as plt            #载入 Matplotlib 中的快速绘图的函数库
3
4   x = np.linspace(0, 10, 1000)              #产生 1~10 的 1000 项等差数列
5   y = np.sin(x**2)
6   z = np.cos(x)
7   plt.figure(figsize = (8,4))
8                                             #调用 figure 创建一个绘图对象，并使它成为当前的绘图对象
9   plt.plot(x,y,label = "$sin(x^2)$",color = "red",linewidth = 2)   #绘制曲线 sin(x^2)
10  plt.plot(x,z,"b:",label = "$cos(x)$",linewidth = 3)              #绘制曲线 cos(x)
11  plt.xlabel("Time(s)")                     #设置 x 轴的文字
12  plt.ylabel("Volt")                        #设置 y 轴的文字
13  plt.title("Example 9-6")                  #设置图表的标题
```

```
14 plt.ylim(-1.2,1.2)                         #设置 y 轴的范围
15 plt.legend()                               #显示图例
16 plt.grid()                                 #显示网格
17 plt.show()                                 #显示创建的所有绘图对象
```

程序运行结果如图 9-8 所示。

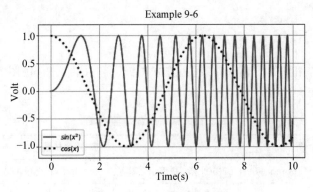

图 9-8 例 9.6 的运行结果

观察运行结果,为了区别显示,图中的两条曲线用了不同的颜色和样式,以曲线 cos(x) 为例,第 10 行代码的"b:"表示设置曲线的颜色为蓝色,样式为虚线。pyplot 子模块提供了一些常用的颜色可供选择,具体参数如表 9-14 所示。

表 9-14 子模块 pyplot 的颜色参数

参数	颜色	参数	颜色	参数	颜色	参数	颜色
b	蓝色	m	品红色	r	红色	k	黑色
g	绿色	y	黄色	c	青色	w	白色

除了颜色外,pyplot 子模块还提供了许多样式或者标记的参数供用户选择,具体参数如表 9-15 所示。

表 9-15 子模块 pyplot 的样式或标记参数

参数	显示的样式	参数	显示的样式	参数	显示的样式
-	实线样式	V	向下三角形标记	s	方形标记
--	短划线样式	∧	向上三角形标记	P	五边形标记
-.	点实线样式	<	向左三角形标记	*	星号
:	虚线样式	>	向右三角形标记	h	六角形标记 1
.	点标记	1	倒三角形标记	H	六角形标记 2
,	像素标记	2	正三角形标记	+	加号
○	圆标记	3	左三角形标记	x	X 标记

参数	显示的样式	参数	显示的样式	参数	显示的样式
|	垂直标记	4	右三角形标记	D	菱形标记
				d	细菱形标记

9.5.2　金融学图表

金融行业经常用到的图表有曲线图、直方图、条形图、散点图、饼图等,表 9-16 列出了常用的金融学图表。

表 9-16　常用的金融学图表

常用图表	绘图方法	应用场景
曲线图	plot(),subplot()	证券价格、利率、汇率等主要金融市场变量的走势图
直方图	hist()	广泛应用于金融统计和量化分析中,以图形的方式展示变量的样本数据分布
条形图	bar() barh()	可视化地比较不同金融资产的收益率,对比不同期间的交易量
散点图	scatter()	用于分析两个不同变量之间的相关性或观察它们的关系,从而发现某种趋势
饼图	pie()	用于展示若干样本值占总样本值的比重

1. 曲线图

曲线图是金融领域最常见的图表,下面看一个具体实例。

金融领域有一个著名的模型——资本资产定价模型(Capital Asset Pricing Model,CAPM),作为一个资本市场均衡模型,它是现代金融学的奠基石。该模型为资产风险及其预期收益率之间的关系给出了精确的预测,提供了一种对潜在投资项目估计其收益率的方法,使人们能对不在市场中交易的资产做出合理的估价。为了演示绘制曲线图,直接给出该模型的公式。

$$R_i = R_F + \beta(R_M - R_F)$$

其中,R_i 是投资资产的预期收益率;R_F(Risk Free rate)是无风险回报率,是纯粹的货币时间价值;β 是证券的 Beta 系数,是对系统风险的一种度量;R_M 是市场期望回报率(Expected Market Return),是由所有可投资资产组合产生的收益率,也称市场收益率(Return on the Market);$(R_M - R_F)$ 是股票市场溢价(Equity Market Premium)。

资本资产定价模型的图示形式被称为证券市场线(Securities Market Line,SML),它主要用来说明投资组合报酬率与系统风险程度(β 系数)之间的关系,以及市场上所有风险性资产的均衡期望收益率与风险之间的关系。

【例 9.7】　假定某只股票的无风险回报率是 3%,市场期望回报率是 9%,β 值处于

$[0.5,2.0]$区间,请绘制该股票的证券市场线。

代码如下。

```python
1    import numpy as np
2    import matplotlib.pyplot as plt
3
4    beta = np.linspace(0.5,2.0,100)                    #产生 0.5~2.0 的 100 项等差数列
5    Rf = 0.03
6    Rm = 0.09
7    Ri = Rf+beta * (Rm-Rf)
8    plt.figure(figsize = (8,4))
9    plt.plot(beta,Ri,'r-',label = 'SML',lw = 2)
10   plt.plot(1.0,Rf+1.0 * (Rm-Rf),'o',lw = 2.5)
11   plt.axis('tight')
12   plt.xticks(fontsize = 14)                          #设置横坐标字体
13   plt.xlabel('beta',fontsize = 18)
14   plt.xlim(0.4,2.1)
15   plt.yticks(fontsize = 14)                          #设置纵坐标字体
16   plt.ylabel('Ri',fontsize = 18,rotation = 0)
17   plt.title('Example 9-7 CAPM',fontsize = 18)
18   plt.annotate('beta = 1',fontsize = 14,\
19               xy = (1.0,0.09),xytext = (0.8,0.15),\
20               arrowprops = dict(facecolor = 'b',shrink = 0.05))
21   #箭头对点(1.0,0.09)创建注释,在(0.8,0.15)位置输出注释文本'beta = 1'
22   plt.legend(loc = 0,fontsize = 18)
23   plt.grid()
24   plt.show()
```

程序运行结果如图 9-9 所示。

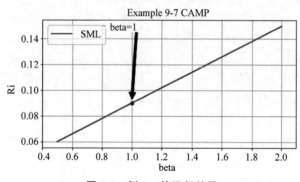

图 9-9　例 9.7 的运行结果

2. 直方图

直方图(Histogram)也称柱状图,是一种统计报告图,目前广泛运用于金融统计和量化分析。使用 Matplotlib 的 hist()方法可以绘制直方图。

【**例 9.8**】 用 NumPy 的 np.random.standard_normal()方法生成 1000 个标准正态分布的随机样本,再使用 hist()方法将这些样本可视化地展现出来。

具体代码如下。

```
1    import numpy as np
2    import matplotlib.pyplot as plt
3
4    y = np.random.standard_normal((1000,2))
5    plt.figure(figsize = (8,4))
6    plt.hist(y,label = ['1st','2nd'],bins = 25)
7    plt.xlabel('value',fontsize = 18)
8    plt.ylabel('frequency',fontsize = 18)
9    plt.title('Example 9-8 Histogram',fontsize = 18)
10   plt.legend(loc = 0,fontsize = 18)
11   plt.grid()
12   plt.show()
```

程序运行结果如图 9-10 所示。

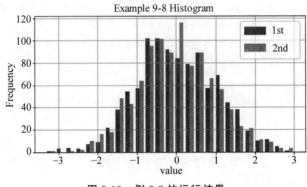

图 9-10　例 9.8 的运行结果

3. 条形图

条形图(Bar Chart)是用宽度相同的条形的高度或长短表示数据量的图形。条形图可以横置或纵置,纵置时也称为柱形图(Column Chart)。条形图可以分为垂直条形图(用 bar()方法绘制)和水平条形图(用 barh()方法绘制)两类。

在金融市场中,比较不同金融资产的收益率、对比不同期间的交易量都需要使用条形图。

【例 9.9】　沿用表 9-9 的数据,绘制 4 只股票在 2020 年 4 月 3 日的涨跌幅条形图。具体代码如下。

```
1    import numpy as np
2    import pandas as pd
3    import matplotlib.pyplot as plt
4
5    stock_array = np.array([[9.96, 4.76, -0.25, 1.61, 9.99],\
6                            [10.17, 10, 10.14, 10.16, 10.09],\
```

```
 7                    [10, 3.95, 9.99, 10.02, 10.01], \
 8                    [-0.07, 10.01, 1.13, -2.52, -3.82]])
 9  date = ['2020-3-30','2020-3-31','2020-4-1','2020-4-2','2020-4-3']
10  stock = ['SZ000505','SZ002770','SH600855','SH603719']
11  stock_dataframe = pd.DataFrame(data = stock_array.T, \
12                      index = date,columns = stock)
13  plt.figure(figsize = (8,4))
14  plt.bar(x = stock_dataframe.columns, \
15          height = stock_dataframe.iloc[4], \
16          width = 0.5,label = '2020-4-3')
17  plt.xticks(fontsize = 14)
18  plt.yticks(fontsize = 14)
19  plt.ylim(-4.0,11.0)
20  plt.ylabel('up or down(%)',fontsize = 14,rotation = 90)
21  plt.title('Example 9-9 Bar Chart',fontsize = 18)
22  plt.legend(loc = 0,fontsize = 18)
23  plt.grid()
24  plt.show()
```

程序运行结果如图 9-11 所示。

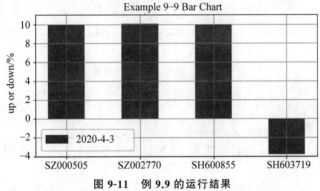

图 9-11　例 9.9 的运行结果

4. 散点图

散点图(Scatter Plot)是指回归分析中数据点在直角坐标系平面上的分布图,它将两个变量的样本值显示为一组点,值由点在图表中的位置表示。因此散点图可以表示因变量随自变量变化的大致趋势,如线性关系、指数关系等,据此可以选择合适的方法对数据点进行拟合。同时,散点图对于查找异常值或理解数据分布也有一定的帮助。此外,散点图通常用于比较跨类别的聚合数据。

在金融领域,如果需要判断两个变量之间是否存在某种关联或总结坐标点的分布模式,则通常调用 scatter()方法绘制散点图。

【例 9.10】　用 NumPy 的 np.random.standard_normal()方法生成 1000 个标准正态分布的随机样本,再使用 scatter()方法将这些样本可视化地展现出来。

具体代码如下。

```
1   import numpy as np
2   import matplotlib.pyplot as plt
3
4   y = np.random.standard_normal((1000,2))
5   plt.figure(figsize = (8,4))
6   plt.scatter(y[:,0],y[:,1],marker = 'o')
7   plt.xlabel('1st',fontsize = 18)
8   plt.ylabel('2nd',fontsize = 18)
9   plt.title('Example 9-10 Scatter Plot',fontsize = 18)
10  plt.grid()
11  plt.show()
```

程序运行结果如图 9-12 所示。

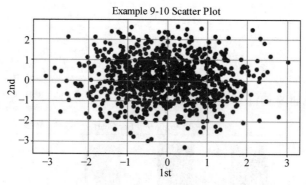

图 9-12　例 9.10 的运行结果

5. 饼图

饼图(Pie Chart)常用于统计学模块,它被划分成不同的切片以图形化地说明各部分所占的比重。

在金融领域中,如果需要计算变量的若干样本值占总样本值的比重,并以图形化的方式展示出来,则饼图是一个很好的选择。绘制饼图需要用到 pie()方法,下面看一个实例。

【**例 9.11**】　伴随着移动互联网技术的日新月异以及智能手机的推广和普及,支付宝、微信支付等第三方移动支付平台的迅速崛起,中国移动支付行业蓬勃发展。表 9-17 是 2019 第四季度中国第三方移动支付企业交易规模占市场份额的比例。请根据表 9-17 中的数据绘制一个饼图。

表 9-17　2019 年第四季度中国第三方移动支付交易规模市场份额

企业	支付宝 (AliPay)	快钱 (99Bill)	京东支付 (JD)	联动优势 (UMP)	壹钱包 (1qianbao)
占比/%	0.551	0.006	0.009	0.006	0.015
企业	易宝 (YeePay)	银联商务 (UnionPay)	财付通 (TENPay)	苏宁支付 (Suning)	其他 (others)
占比/%	0.005	0.003	0.389	0.002	0.014

具体代码如下。

```
1    import matplotlib.pyplot as plt
2
3    company = ['AliPay','99Bill','JD','UMP','1qianbao','YeePay'\
4            ,'UnionPay','TENPay','Suning','others']
5    perc = [0.551,0.006,0.009,0.006,0.015,0.005,\
6         0.003,0.389,0.002,0.014]
7    plt.figure(figsize = (10,8))
8    plt.pie(x = perc,labels = company)
10   plt.axis('equal')
11   plt.legend(loc = 1,fontsize = 12)
12   plt.title('2019Q4 Market share of China third-party mobile payment',\
13           fontsize = 18)
14   plt.show()
```

程序运行结果如图 9-13 所示。

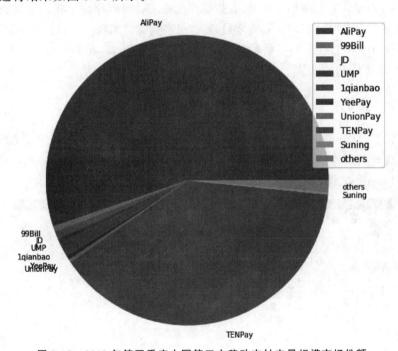

图 9-13　2019 年第四季度中国第三方移动支付交易规模市场份额

6. 特殊金融图表

除了上述图表，Matplotlib 库还提供了少数精选的特殊金融图表，如烛柱图。这些图表主要用来以图形化的方式展示历史股价数据等金融时间序列数据。绘制这些特殊金融图表的方法可以在 Matplotlib.finance 子库中找到。

9.6 金融时间序列分析

9.6.1 金融时间序列分析简介

金融时间序列是指将金融随机变量在一定时期内按时间先后顺序所取的值加以排列,其最显著的特征就是与时间紧密相连。一般来说,金融时间序列变量也称金融时序变量,它由两个要素组成,即时间跨度和序列频率。

- 相同的序列频率,如年度 GDP 数据、季度 CPI 数据等。
- 不同的序列频率,如股市上记录交易发生的数据。通常需要对不均匀的时间序列数据进行规定,例如选择一个恰当的频率,将该频率内的最后一笔大宗交易成交价作为该时段的观察值,如股市数据中的 5 分钟高频数据。

金融计量通常研究的是价格增长率或金融产品的收益率,从计量学的角度来看,价格的时间序列一般都含有时间趋势成分,收益率往往是平稳时间序列。我们研究的收益率类型有简单收益率、多期简单收益率、连续复利、考虑红利支付的收益率、超额收益率等。

总之,没有一种金融学科不将时间作为重要的考虑因素,在 Python 中,处理时间序列的主要工具就是 Pandas 库。

9.6.2 综合实例

【例 9.12】 从外部 Excel 文件导入沪深 300 指数在 2016 年每个交易日的开盘点数、最高点数、最低点数、收盘点数的所有数据,并利用这些数据创建数据框。图 9-14 所示为需要导入的 Excel 文件。

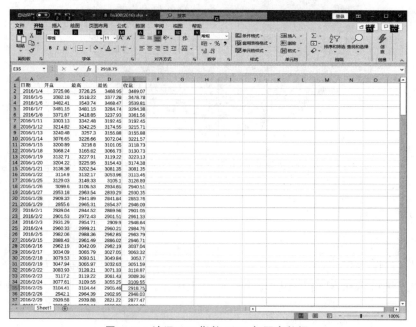

图 9-14 沪深 300 指数 2016 年历史数据

　　将生成的数据框作为数据可视化对象,运用 subplot()方法绘制相应的 4(2×2)个图形,分别展示 2016 年全部交易日的开盘点位、最高点位、最低点位、收盘点位的走势曲线。具体代码如下。

```
1    import pandas as pd
2    import matplotlib.pyplot as plt
3    from pylab import mpl                                    #为了在可视化的图形中正常显示中文,
4                                                             #从 pylab 导入子模块 mpl
5
6    mpl.rcParams['font.sans-serif'] = ['SimHei']            #设置中文字体为黑体
7    mpl.rcParams['axes.unicode_minus'] = False
8    HS300 = pd.read_excel('c:/example/hs300(2016).xlsx',\
9                          header = 0,\
10                         index_col = 0)                     #从外部 Excel 文件导入数据生成数据框
11   plt.figure(figsize = (11,9))
12   plt.subplot(2,2,1)                                       #绘制第 1 行第 1 列子图
13   plt.plot(HS300['开盘'],'b-',label = u'沪深 300 开盘点位',lw = 2.0)
14   plt.xticks(fontsize = 13,rotation = 30)
15   plt.xlabel(u'日期',fontsize = 13)
16   plt.yticks(fontsize = 13)
17   plt.ylabel(u'点位',fontsize = 13,rotation = 0)
18   plt.legend(loc = 0,fontsize = 13)
19   plt.grid()
20   plt.subplot(2,2,2)                                       #绘制第 1 行第 2 列子图
21   plt.plot(HS300['最高'],'g-',label = u'沪深 300 最高点位',lw = 2.0)
22   plt.xticks(fontsize = 13,rotation = 30)
23   plt.xlabel(u'日期',fontsize = 13)
24   plt.yticks(fontsize = 13)
25   plt.ylabel(u'点位',fontsize = 13,rotation = 0)
26   plt.legend(loc = 0,fontsize = 13)
27   plt.grid()
28   plt.subplot(2,2,3)                                       #绘制第 2 行第 1 列子图
29   plt.plot(HS300['最低'],'r-',label = u'沪深 300 最低点位',lw = 2.0)
30   plt.xticks(fontsize = 13,rotation = 30)
31   plt.xlabel(u'日期',fontsize = 13)
32   plt.yticks(fontsize = 13)
33   plt.ylabel(u'点位',fontsize = 13,rotation = 0)
34   plt.legend(loc = 0,fontsize = 13)
35   plt.grid()
36   plt.subplot(2,2,4)                                       #绘制第 2 行第 2 列子图
37   plt.plot(HS300['收盘'],'k-',label = u'沪深 300 收盘点位',lw = 2.0)
38   plt.xticks(fontsize = 13,rotation = 30)
39   plt.xlabel(u'日期',fontsize = 13)
40   plt.yticks(fontsize = 13)
41   plt.ylabel(u'点位',fontsize = 13,rotation = 0)
42   plt.legend(loc = 0,fontsize = 13)
43   plt.grid()
44   plt.show()
```

程序运行结果如图 9-15 所示。

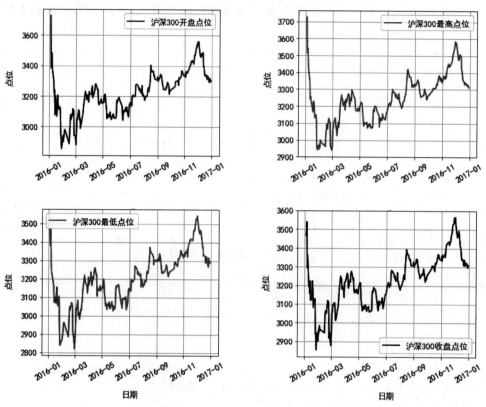

图 9-15　2016 年沪深 300 指数走势图

本 章 小 结

　　金融数据分析是 Python 的主要应用领域，Python 有大量的可用库和工具，几乎可以应对当今金融行业中因分析、数据量和频率、依从性及监管所引发的大部分问题。此外，Python 可以很好地与其他系统、软件工具以及数据流结合，很好地拟合了数据分析的各个流程。本章从金融数据分析的流程入手，梳理了运用 Python 获得金融数据的方法以及金融领域中常用的 Python 数据类型和基本数据结构，介绍了 NumPy 库和 Pandas 库的基本应用，讲解了如何运用 Python 中的 Matplotlib 库将数据分析的结果可视化地展现出来，最后介绍了金融时间序列分析的相关知识。

本 章 习 题

9.1　填空题。

（1）_____是符号、事实和数字。_____是有用的数据。_____是对信息内容的提炼、比较、挖掘、分析、概括、判断和推论。

(2) 金融领域常用的基本数据结构有集合、元组、字典、_____、_____、_____，其中，后 3 种数据结构的使用频率比较高。

(3) 数据处理主要包括_____、_____、_____、数据合并、数据计算等处理方法。一般的数据都需要进行一定的处理才能用于后续的数据分析工作，即使再"干净"的原始数据，也需要进行一定的处理后才能使用。

(4) 在金融产品定价、风险管理建模等领域需要大量用到模拟，而模拟的核心就是生成随机数。Python 的_____库提供了基于各种统计分布方法的随机数，可以很方便地根据需要生成各类随机数。

(5) numpy.zeros((3,4))生成的数组中的元素个数为_____。

(6) numpy.ones((3,4)).sum()的值为_____。

(7) numpy. random.randint(1,50,size=(2,3))生成的数组为_____。

(8) np.random.randn(3,4).shape 的值为_____。

(9) 使用 np.arange(5)生成的数组中的最后一个元素的值为_____。

(10) 如果 arr = np.array([[1,2,3,4],[4,5,6,7],[7,8,9,10]])，则 arr 的秩为_____。

(11) 如果 arr = np.arange(12).reshape(3,4)，则 arr[1,1]的值为_____。

(12) 已知 x = np.array([3,4,1,9,6,3])，表达式 np.argsort(x)的值为_____。

(13) Pandas 的 read_csv()方法用于读取_____文件中的数据，并创建_____对象。

(14) Pandas 支持字典创建 dataFrame 对象，字典中的键将作为 dataFrame 对象中的_____。

(15) Pandas 中 dataFrame 对象的 index 属性表示_____。

(16) Pandas 的 dataFrame 对象的_____属性表示列标签，_____属性表示行标签。

(17) 假设 df 是 dataFrame 的对象，则

df[：5]表示访问_____；

df.at[3，'姓名']表示访问_____；

df[df['销售额'].between(5000,10000)]表示访问_____；

df.describe()可以返回_____。

(18) Pandas 中的 dataFrame 对象可以指定一列或多列进行分组的方法是_____。

(19) Pandas 中的 dataFrame 对象用来删除重复数据的方法是_____。

(20) Pandas 中的 dataFrame 对象的 iloc()方法可以用_____作为参数访问要指定的行和列，loc()方法可以用_____作为参数访问要指定的行和列。

(21) 金融行业经常用到的图表有曲线图、直方图、条形图、散点图、饼图等，绘制单个曲线图用到的方法是_____；绘制直方图用到的方法是_____；绘制垂直条形图用到的方法是_____；绘制散点图用到的方法是_____；绘制多个曲线图用到的方法

是_____;绘制水平条形图用到的方法是_____;绘制饼图用到的方法是_____。

（22）子模块 pyplot 提供了一些常用的颜色可供用户选择，其中红色表示的参数值是_____。

（23）子模块 pyplot 提供了许多样式或者标记的参数可供用户选择，其中显示实线样式的参数值是_____。

9.2　程序设计（NumPy）：创建一个 10×10 的数组，该数组的边界值为 0，而内部都是 1。

9.3　程序设计（NumPy）：arr = 5-np.arange(1,13).reshape(4,3)，计算所有元素及每列的和；对每个元素、每列求累积和；计算每行的累计积；计算所有元素的最小值；计算每列的最大值；计算所有元素、每行的均值；计算所有元素、每列的中位数；计算所有元素的方差、每行的标准差。

9.4　程序设计（Pandas）。

（1）读取 stock.xlsx（如图 9-16 所示）的数据并存入 dataFrame 对象 df0，删除重复数据行，把缺失的"收盘价""最高价""最低价""开盘价""前收盘"列都用 15.5 填充，"成交金额"列用 0 填充，生成新的 dataFrame 对象 df，更新 df 对象的"涨跌额"列和"涨跌幅"列的值，公式为

涨跌额＝收盘价－前收盘　　　　　涨跌幅＝round（涨跌额/前收盘×100，4）

把 df 写入新文件 new-stock.xlsx。

（2）查看成交量大于 10 000 000 的日期、收盘价、涨跌幅的信息。

（3）查看成交量最大的一天的日期和成交量。

	A	B	C	D	E	F	G	H	I	J	K
1	日期	收盘价	最高价	最低价	开盘价	前收盘	涨跌额	涨跌幅	成交量	成交金额	总市值
2	2015/7/1	22.97	24.36	22.3	22.73	22.73			15323340	361082498.5	7601958252
3	2015/7/2	20.78	22.92	20.67	22.91	22.97			11543911	247456920.3	6877174248
4	2015/7/3	18.7	20.38	18.7	19.73	20.78			9448605	180510869.1	6188794920
5	2015/7/6	17.22	20.53	16.83	20.53	18.7			11607534	207355560.6	5698986552
6	2015/7/7	15.5	16.4	15.5	16.3	17.22			3903540	61127534.61	5129749800
7	2015/7/8										5129749800
8	2015/7/9										5129749800
9	2015/7/10										5129749800
10	2015/7/13										5129749800
11	2015/7/14	17.05	17.05	17.05	17.05	15.5			212200	3618010	5642724780
12	2015/7/15	16.15	18.76	15.6	18.76	17.05			16963935	297346827.6	5344868340
13	2015/7/16	17.17	17.19	14.98	16.15	16.15			10120271	165674688.7	5682438972
14	2015/7/17	18.14	18.49	16.9	17.17	17.17			8779534	156093140.3	6003462024
15	2015/7/20	18.27	18.76	17.5	18	18.14			9765392	177208313.4	6046485732
16	2015/7/21	18.37	18.59	17.4	17.8	18.27			8150199	148237935	6079580892
17	2015/7/22	18.52	18.81	18.03	18.27	18.37			7899996	145818357.6	6129223632
18	2015/7/23	18.95	19.14	18.3	18.43	18.52			8794206	164626157.1	6271532820
19	2015/7/24	18.49	19.07	18.07	18.9	18.95			8580731	160464779.8	6119295084
20	2015/7/27	16.64	18.41	16.64	18.08	18.49			6286966	111545983.1	5507034624
21	2015/7/28	15.96	16.9	15	16.64	16.64			9319198	146855042.1	5281987356
22	2015/7/29	17.15	17.15	15.88	16.6	15.96			5097931	83558460.09	5675819940
23	2015/7/30	16.66	17.4	16.38	16.99	17.15			4778058	81435533.96	5513653656
24	2015/7/31	16.76	17.1	16.19	16.25	16.66			4049265	67408224.97	5546748816

图 9-16　stock.xlsx 文件数据

（4）按总市值降序排序，总市值相同的按日期降序排序，只输出显示排序后的"日期"列和"总市值"列。

（5）查看总市值前 3 名的"日期"列和"总市值"列。

（6）绘制折线图，用带点标记、实线折线图展示这一个月内每天收盘价的变化趋势，并在这个趋势图上增加开盘价、最高价、最低价的变化趋势折线图。

图 书 资 源 支 持

感谢您一直以来对清华版图书的支持和爱护。为了配合本书的使用,本书提供配套的资源,有需求的读者请扫描下方的"书圈"微信公众号二维码,在图书专区下载,也可以拨打电话或发送电子邮件咨询。

如果您在使用本书的过程中遇到了什么问题,或者有相关图书出版计划,也请您发邮件告诉我们,以便我们更好地为您服务。

我们的联系方式:

地　　址:北京市海淀区双清路学研大厦 A 座 714

邮　　编:100084

电　　话:010-83470236　010-83470237

客服邮箱:2301891038@qq.com

QQ:2301891038(请写明您的单位和姓名)

资源下载:关注公众号"书圈"下载配套资源。

资源下载、样书申请

书 圈

获取最新书目

观看课程直播